KB073833

습지를 읽고,
습지를 걷다

습지를 읽고, 습지를 걷다

선생님이 전해주는 인천대공원과
소래습지의 생태이야기

남기철 · 박근영 · 백은주 · 이상숙 · 전승희 지음

목
차

1

새소리가 아름다운 인천대공원 습지원에서의 하루

노을이 아름다운 소래습지생태공원에서의 하루

1

새소리가 아름다운 인천대공원 습지원에서의 하루

습지원 오는 길

1996년도에 개장한 인천대공원은 인천광역시 남동구 장수동에 위치하고, 관모산과 거마산을 끼고 있는 인천을 대표하는 공원으로 수목원, 동물원, 환경미래관, 썰매장 등 많은 시설이 갖추어져 있다. 인천대공원을 찾아오는 사람들의 대부분은 주차장이 있는 정문[1]이나 인천지하철 2호선 인천대공원역과 어린이 동물원이 있는 남문[2]을 이용한다.

인천대공원 정문[1]

인천대공원 남문[2]

정문 주차장에 주차하고 습지원을 찾아오려면 오른쪽 주차장에 주차한 뒤 주차장에서 정문으로 오지 않고 위쪽과 같은 입구를 찾아 산책로로 들어온다. 100m쯤 걸으면 나오는 메타세쿼이아 길을 따라 끝까지 오면 습지원에 도착하게 된다.

나는 인천대공원 역 또는 버스를 타고 이동하는 경우가 많아 청소년 수련관 쪽 입구를 통해 습지원에 주로 가는 편이다. 측백나무가 길가에 있

는 청소년수련관을 오른쪽에 두고 길을 쭉 따라가다 보면 인천둘레길 6코스, 남동둘레길에 대한 안내도가 나온다. 다리를 중심으로 오른쪽 길을 쭉 따라가면 내가 가고자 하는 습지원이 나온다.

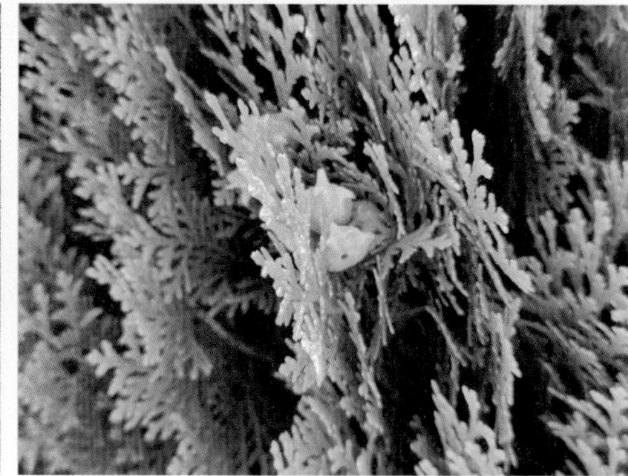

인천대공원 현황도
공원현황
공원개원
1996년 3월 1일
공원면적
공원이용현황
장수IC
송내역 · 부천
거마산
209m
범 례
Feeling zone
Smiling zone
Ecological zone
Healing zone
만의골
노선번호
8, 8A, 11, 14-1, 14-1A, 16-1, 30, 37, 103-1, 909
노선번호
14-1, 14-1A, 16-1, 103-1, 909
제2주차장
제1주차장
정문
공원안내소
인천대공원사업소
호수정원
장미정원
온실
느티나무길
조각정원
어울큰마당
어울꽃길
동문주차장
동문
어울정원
썰매장
자전거광장
시민의 숲
환경미래관
습지원
수목원
수목원길
300만동산
장수천길
무궁화동산
캠핑장
습지원
억새원
반디뜰
벚나무길
백범광장
관모산 (전망대)
162m
상아산
151m
치유의 숲길
치유의 숲
치유쉼터
메타세쿼이아길
장수천출입구
청소년수련관
장자골출입구
궁도장
벚꽃쉼터
치유의 숲
둘레길
어린이동물원
남문
인천대공원역
그늘막 쉼터
주요 산 및 등산로
· 관모산(冠帽山) : 162m
· 상아산(象牙山) : 151m
· 거마산(巨馬山) : 209m

인천대공원의 습지는 장수천 주변에 있는 자생못이다. 장수천 주변은 홍수 방지를 위한 물길을 틀기 전에는 사람들이 물놀이나 목욕하는 장소로 사용되었고, 배추와 무를 실은 우마차들이 모여서 김장을 하기도 하였다고 한다.

습지(wetland)는 물기가 있는 축축한 땅으로, 물이 생물과 주변 환경에 영향을 미치는 땅이다. 람사르협약에서는 습지를 "물이 고여 있거나 흐르거나, 담수 또는 염수, 간조 시의 염수를 포함해서 물의 깊이가 6m를 넘지 않는 해양에 해당되는 자연적이든 인공적이든 지속적이든 일시적이든 관계없이 늪 또는 물이 있는 지역"이라고 정의한다.

습지가 하는 중요한 기능으로 첫째, 생물종다양성의 보고로 다양한 서식지를 제공한다. 둘째, 습지는 홍수와 가뭄을 방지해 주고 지하수량을 조절한다. 셋째, 물을 깨끗하게 만들어 주고, 먹거리와 의약품 등의 자원을 준다.

우리나라의 습지는 서해안과 남해안에 발달된 갯벌이 습지 면적의 대부분을 차지하고 육지에서는 작은 하천을 중심으로 물의 흐름이 변하거나 유입 하천이 만나는 지점 등에서 습지가 만들어진다.

람사르 등록 습지로는 1997년 강원도 대암산 용늪, 1988년 창녕 우포늪, 2005년 전남 장도 습지, 2021년 고양 장항 습지 등 24곳이 있다. 우리가 둘러볼 인천대공원 습지원은 이들에 비해 규모가 매우 작지만, 우리가 아끼고 지켜야 할 소중한 자원이다.

제일 먼저 인천대공원 습지원 주변 풀꽃들에 대해 알아보고자 한다.

창녕우포늪

순천만습지

습지원의 풀

누가 이름 지었을까, 애기똥풀

벚나무가 장수천을 따라 심겨 있는 둘레길을 따라 걷다 보면 애기똥풀과 개망초를 쉽게 만나게 된다.

- 산기슭이나 들에서 주로 자생하는 두해살이풀
- 대략 30~50㎝ 자라며 국화잎과 비슷함
- 늦봄~한여름에 노란색 꽃이 개화
- 예전에는 약초로도 쓰였지만 독성이 강해 2009년 기능식품 사용 불가 식품으로 지정됨

한 번 들으면 바로 기억하는 애기똥풀 애기똥풀은 줄기나 잎을 자르면 노란색의 액체가 나오기 때문에 애기똥풀이라는 이름을 가진 두해살이풀이다. 줄기가 가늘면서 억세다고 해서 '까치다리', 노란 젖 같다고 해서 '젓풀', 한방에서는 '백굴채'라는 이름도 가지고 있다. 애기똥풀의 노란 꽃은 봄부터 이른 가을까지 가지 끝에 피는데 이름과 달리 독성식물이라고 한다. 노란색 유액은 천연염료로 쓰였으며 한방에서는 애기똥풀이 백굴채라는 이름의 약재로 사용되었는데, 위궤양이나 위장염 같은 통증을 완화하는데 이로운 작용을 한다고 한다. 이 애기똥풀은 독성이 강하기 때문에 일반인들이 노란 유액을 직접 먹으면 안 되고 피부에 바르는 정도로만 사용해야 한다고 한다. 나무와 풀이 많은 곳을 지나다 보면 나도 모르게 풀에 쓸리거나 벌레에게 물리는 경우가 있는데 이때 애기똥풀의 줄

기를 잘라서 나오는 유액을 다친 부위에 바르면 빨갛게 부은 부분이 금세 가라앉는다고 한다. 항암효과도 있지만 멀쩡한 세포의 세포분열도 억제해 독성이 강하다고 하니 벌레에게 물려도 정말 많이 가렵고 심하게 붓는 비상사태일 때만 이용하도록 하자.

너무나 귀여운 잡초, 개망초

인천대공원에서도, 아파트, 학교 화단에서도 봄과 여름에 가장 많이 볼 수 있는 꽃은 아마 개망초일 것이다.

- 국화과의 두해살이풀
- 우리나라 전역에서 흔하게 관찰되는 귀화식물
- 6~8월에 하얀색 또는 자주색 꽃이 핌
- 가을에 종자에서 발아하고 뿌리에서 생겨난 로제트 상태로 겨울을 보냄

꽃이 흰자에 노른자를 얹어 놓은 것처럼 보인다고 '계란꽃', '달걀꽃', 일제 강점기 때 보이기 시작하여 '왜풀' 등의 이름으로 불린다. 개망초는 북아메리카에서 들어온 귀화식물로 한 송이처럼 보이는 꽃에 수많은 통꽃과 혀꽃이 있는 국화과 식물이다. 개망초의 노란 부분은 수술과 암술만 있는 통꽃, 하얀 꽃잎부분은 하나하나가 각각의 꽃인 혀꽃이 모여서 이루어져 있다. 꽃 피우기 전 이른 봄 부드럽고 연한 잎은 나물로 먹거나 소,

토끼의 먹이로도 쓴다고 한다. 한방에서는 감기, 위염, 장염, 설사 등에 사용한다고 한다.

왜 개망초일까 개망초 이전에 '망초'라는 꽃이 미국 침목(철도)을 통해 들어왔는데 이 꽃이 피면서부터 나라가 망했다고 '망초'라 이름 지었다. 개망초는 이 망초보다는 꽃이 크고, 뽑기 어려운 망초보다는 잘 뽑혀 농사에 크게 지장을 주지 않는 잡초라 하여 개망초라는 이름이 지어졌다는 이야기도 전해진다.

개망초는 줄기가 약하고 무리를 지어 피는 특성이 있어 꽃다발, 꽃반지, 꽃목걸이 만들기에도 안성맞춤인 꽃이다. 줄기를 잡고 쑤욱 뽑으면 꼿꼿한 줄기가 그대로 뽑혀서 투호 놀이도 할 수 있다.

또로롱 소리가 날 것 같은 초롱꽃

"엄마 여기 좀 봐봐 너무 귀여워~" 딸과 함께 도란도란 이야기하며 둘레길을 돌고 있을 때 발견한 꽃은 앙증맞은 종을 닮은 초롱꽃이었다.

- 초롱꽃과의 여러해살이풀
- 키는 40~120㎝, 양지 혹은 반그늘의 산에서 자생함
- 꽃은 6~8월에 피고 꽃줄기 끝에서 밑을 향해 달림
- 뿌리에서 나는 잎은 잎자루가 길고, 줄기에서 나는 잎은 잎자루가 없는 삼각형 모양

잎의 모양이 달라 초롱꽃 개망초는 인천대공원이든 아파트 화단이든 쉽게 볼 수 있는 꽃이라면 초롱꽃은 산이나 공원에 와야 볼 수 있는 꽃이다. 초롱꽃은 6~8월경에 피고 흰색이나 연한 분홍색 바탕에 점이 있는 형태가 많은데 관상용으로 심기도 한다. 다른 식물들과 달리 초롱꽃은 뿌리에서 바로 나온 잎은 하트모양, 줄기에서 나온 모양은 끝이 뾰족한 달걀모양이다.

언제 오는 거니 누나의 마음 초롱꽃 여러 초롱꽃 중 금강초롱꽃은 우리나라에만 있는 자생식물인데 금강산에서 처음 발견되어 금강초롱꽃이라고 한다. 이 금강초롱꽃에 관한 옛이야기가 하나 있다. 옛날 금강산

에 오누이가 살고 있었는데, 누나가 병에 걸리고 말았다. 아픈 누나를 위해 남동생은 약초를 찾아 산으로 갔는데 시간이 지나도록 남동생은 돌아오지 않았다. 동생이 걱정된 누나가 초롱불을 들고 길을 나섰다가 산 중턱에 쓰러져 죽고 말았다. 약초를 구해서 집으로 돌아오던 남동생이 누나를 발견했는데 누나가 들고 있던 초롱불이 한 송이 꽃이 되어 있었다고 한다. 초롱꽃뿐만 아니라 꽃에 대한 옛이야기들을 보면 '누군가를 간절히 기다리다 죽은 누군가의 옆에 그 꽃이 있었다'라는 내용이 많다. 간절함, 애절함을 아름답게 승화하고자 하는 마음일까, 슬픈 이야기일수록 오래 기억되어서일까, 꽃 하나를 보고도 많은 생각이 든다.

사상자(死傷者)가 아니고, 사상자(蛇床子)

하얀 안개꽃 다발처럼 작은 꽃이 올망졸망 모여 있는 이건 무슨 풀일까? '샤브샤브해서 고기와 함께 먹으면 향긋한 미나리인가' 하고 사진을 찍었는데, 한해살이풀 사상자(蛇床子)였다.

- 미나릿과의 한해살이풀
- 숲속의 계곡이나 개울가, 습지에서 자람
- 키는 30~80㎝, 줄기 속은 비어 있음
- 꽃은 흰색으로 5~6월에 겹총상꽃차례로 여러 개 달림
- 어린잎은 식용하고 열매는 약용함

뱀이 있어요 조심해요, 사상자 사상자(蛇床子)라는 이름은 뱀 사(蛇), 상 상(床)으로 뱀이 평상에 누워있는 것처럼 있다고 해서 붙여진 이름으로 뱀도랏, 뱀밥풀이라고도 한다. 열매에는 잔가시가 많이 나 있어서 동물의 몸에 붙어서 씨를 퍼트린다.

사상자와 정말 비슷한 식물로 '전호'가 있다. 같은 미나릿과 식물로 잎의 모양도 비슷하고 꽃의 모양 및 색깔도 흰색으로 비슷하다. 하지만 사상자는 꽃잎 5개의 크기가 비슷하지만, 전호는 꽃잎의 크기가 서로 다르다는 것이 차이점이다.

사상자 전호

습지원의 풀꽃

애기똥풀, 개망초, 초롱꽃 등을 차례로 보며 둘레길을 걷다 보면 어느새 습지원에 들어가는 나무 데크를 만나게 된다.

나비가 좋아하는 습지원 인기쟁이, 부처꽃

이 나무 데크를 따라 걷다 보면 왼쪽에 아름드리 버드나무가 있고 자줏빛의 기다란 꽃 무리를 볼 수 있는데, 바로 부처꽃이다.

· 부첫과의 여러해살이풀
· 양지 혹은 음지의 습기가 많은 곳에서 자람
· 키는 약 1m, 잎은 3~4㎝로 마주남
· 6~8월에 자홍색 꽃이 피며 잎겨드랑이에 3~5개가 층층이 달림

부처꽃은 마른 땅, 젖은 땅에서 모두 자랄 수 있지만 습지에서는 더욱 크게 잘 자란다고 한다. 부처꽃을 부르는 다른 이름으로 두렁꽃, 우렁꽃, 대아초 등이 있다. 꽃 사이사이 벌과 나비가 날아다니는 습지원 인기 꽃인 부처꽃의 꽃말은 아이러니하게도 '슬픈 사랑'이라고 한다. 한방에서는 꽃을 포함한 전체 부처꽃을 말린 것을 천굴채라고 부르는데, 살균, 지혈 작용을 하고 설사를 멈추게 하는 약으로 사용한다.

연꽃 대신 부처님께 공양한 부처꽃 불교에서 부처님께 바치는 공양물에는 향, 등, 꽃, 차, 쌀, 과일로 6가지가 있다. 옛날에 수행의 의미인 꽃 공양을 연꽃으로 하고 싶었지만, 비가 많이 와서 연못에 들어가지 못하고 울고 있는 한 불자가 있었다. 이때 백발노인이 나타나 연못가에 핀 자줏빛 꽃을 공양하라고 하였다고 하여 부처꽃이라고 부른다고 한다.

인천대공원 습지원 대표 꽃, 노란꽃창포

진한 자줏빛 부처꽃 옆으로 눈길을 돌리면 습지 주변을 둘러싼 노란 꽃 무리가 나오는데 바로 노란꽃창포이다.

· 붓꽃과의 여러해살이풀
· 유럽과 중동이 원산인 귀화식물
· 키는 60~120㎝, 6~7월에 꽃이 핌
· 꽃당 꿀 생산량 2위(영국식물조사)

단옷날 머리 감던 창포인가요, 노란꽃창포 우리나라 자생종 꽃창포는 적자색 또는 자색 꽃이 피는데, 노란꽃창포는 원래 유럽과 중동에서 살던 식물로, 우리나라에서는 원예용으로 재배하였다가 전국적으로 퍼지게 된 귀화식물이다. 해가 잘 들고 물이 많은 곳을 좋아하지만, 중성토양의 건조한 곳에서도 잘 자란다고 한다. 꽃창포라는 말은 창포와 같이 물가에 사는 데 창포와 달리 꽃이 핀다고 하여 꽃창포라 이름 지었다고

한다. 창포와 꽃창포는 전혀 다른 종류의 식물로 단옷날 머리 감는 물로 사용한 것은 창포이다. 창포, 꽃창포, 붓꽃… 다음 장(3장 꽃 대 꽃)에서 차이점을 다시 살펴보고자 한다.

예쁘기만 한 줄 알았지, 노란꽃창포

2021년 매체에 따르면, 전남 장성군 황룡강에서는 수질 개선에 효과적인 노란꽃창포를 심어 국내 최대 규모의 꽃창포 단지를 조성한다고 한다. 한국수행식물연구회에서 발표한 조사 결과에 따르면 화학적 산소 요구량, 생물학적 산소 요구량을 4배 이상 효율적으로 정화할 수 있다고 한다. 한편, 우리 토종 식물의 자리를 빼앗는 생명력으로 인해 생태계 교란종으로 분류되기도 한다. 노란꽃창포가 무리 지어 있는 곳을 잘 관리한다면 상큼한 레몬색으로 인천대공원 습지원을 밝고 활기차 보이게 해주면서도 습지의 수질도 관리하는 효과를 보지 않을까 싶다.

무얼 먹고 자랐나, 무늬물대

부처꽃과 창포를 보며 나무 데크를 지나가다 보면 양지바른 곳에서 일광욕하고 있는 자라도 볼 수 있고, 나무 사이를 날아다니는 까치도 볼 수 있다. 나무 데크가 오른쪽으로 꺾이면서 왼쪽에 길이 하나 나오고 지나가는 이의 눈길을 끄는 하얀 식물을 볼 수 있는데, 바로 무늬물대이다.

- 볏과의 여러해살이풀
- 높이 2~4m, 잎의 길이 50~70㎝
- 땅속줄기는 옆으로 뻗으면서 자람
- 9~10월에 하얀색 꽃이 핌

2023. 6. 18. 무늬물대

2023. 7. 22. 무늬물대

초록 세상인 주변과 달리 흰색으로 습지원을 갈 때마다 쑥쑥 크는 모습이 인상 깊은 무늬물대는 지중해, 중국, 인도가 원산지로 바닷가 모래땅에서 자란다고 한다. 원줄기가 옥수수와 같이 튼튼하면서도 길쭉하고 흰 줄이 넓게 그려진 잎으로 시원한 느낌이 들어 주변 경관을 아름답게 해 주는 관상용으로 많이 심어진다. 겨울철에 잎이 마르면 지상부를 제거해 뿌리만 남겨두어야 이듬해에 흰 줄무늬가 선명한 모습을 볼 수 있다고 한다.

쑥쑥 자라 동화 속에서도 나와요 명작동화 중에서 〈임금님 귀는 당나귀 귀〉라는 동화를 들어 본 적 있는가? 원래 〈임금님 귀는 당나귀 귀〉는 그리스 신화 속 미다스 왕의 전설로 세상에 영원한 비밀은 없다는 교훈을 담고 있다. 이 동화는 내용이 조금씩 다른 여러 가지 버전이 있는데, 그중 대나무 숲이 아닌 갈대가 등장하는 버전이 있다. 궁중 이발사가 임금님의 비밀을 너무나 말하고 싶어서 구덩이를 파고 "임금님 귀는 당나귀 귀"라고 말했더니, 거기에서 갈대가 자라났다. 지나가던 악사가 그 갈대로 피리를 만들어 불자 "임금님 귀는 당나귀 귀"라는 소리가 났다고 한다.

개구리 왕눈이가 사는 연못 위 수련

보기만 해도 시원한 무늬물대 군락을 지나 나무 데크를 따라 걸으면 왼쪽 연못 가득 수련을 만날 수 있다. 예전에 〈개구리 왕눈이〉(일본, 1973)라는 만화가 있었는데, 주인공인 왕눈이가 뛰어다니던 연못에 핀 꽃은 연꽃일까? 수련일까?

- 수련과의 여러해살이풀
- 꽃은 5~9월에 피고 긴 꽃자루 끝에 1개씩 달림
- 굵고 짧은 땅속줄기에서 많은 잎자루가 자라서 물 위에 잎을 폄
- 꽃말 : 청순한 마음, 결백
- 열매는 물속에서 익었다가 썩어서 물을 통해 씨앗을 퍼트림

잠자는 연꽃 수련 입을 얌얌 움직이며 돌아다니는 팩맨(1980)과 닮은 한쪽이 찢어진 모양의 잎은 수련잎이고 둥근 모양의 물 위로 솟아오른 잎은 연꽃잎이다. 수련이라는 이름의 뜻이 물 수(水), 연꽃 연(蓮)이겠지 하고 쉽게 생각할 수 있지만 사실 수련의 수는 졸음 수를 사용한다. 잠자는 연꽃… 응? 지금 꽃이 활짝 펴져 있는데? 사실 수련 꽃은 낮에는 꽃봉우리가 활짝 펴져 있다가 밤에는 오므리기를 3~4일 반복하고 나면 꽃이 시들게 된다. 그래서 한자로 오후 1~3시를 가리키는 미시에 핀다고 하여 미초, 정오에 핀다고 자오련이라는 이름도 갖고 있다. 영어로는 물에 피는 백합이라고 하여 'water lily'라고도 한다.

모네가 사랑한 꽃 수련 프랑스 인상주의 화가 클로드 오스카 모네(Claude-Oscar Monet, 1840~1926)는 연못이 있는 정원을 만들면서 수련과 수생식물, 아이리스, 벚나무, 각종 희귀한 꽃들을 가꾸었는데, 특히 수련 작품을 250여 점이나 그렸다. 연못의 다리, 하늘과 수련이 뒤섞인 수면의 풍경을 반복적으로 그리면서 모네는 시간과 날씨의 변화에 따라 달라지는 연못과 정원의 모습을 담았다고 한다. 자연은 매일매일 다른 모습을 보여 주는데, 그늘 없는 땡볕에 덥다며 수련 사진을 후다닥 찍고 이동한 나는 과연 수련을 보았다 할 수 있을까 하는 생각이 들었다.

작고 흔하지만 그냥 풀이 아니야, 토끼풀

수련을 한참 보고 나서 나무 데크를 이동하면 어느새 습지원의 끝에 다다르게 된다. 커다란 지붕과 의자가 있는 쉼터가 나오고 그 옆에 있는 공터엔 토끼풀이 빼곡하게 자라고 있는 것을 볼 수 있다.

- 공과 여러해살이풀
- 유럽, 북아프리카 서아시아 원산지
- 줄기는 땅 위를 기며 각 마디에서 잎이 곧게 뻗어 나옴
- 6~7월에 1㎝ 정도 크기의 흰색 꽃이 핌
- 식물 생장에 필요한 질소를 공급해서 토양을 비옥하게 함

행운을 주세요 네잎클로버 공터, 화단, 길가에서 흔히 볼 수 있는 토끼풀은 이름에서 짐작할 수 있듯이 토끼가 즐겨 먹는다고 해서 붙여진 이름이라고 한다. 속명인 Trifolium은 '3'과 '잎'이라는 뜻의 라틴어가 합쳐진 단어로 잎이 3개로 난다고 하여 지어졌다고 한다. 딸과 함께 이곳에 가면 꼭 네잎클로버를 찾겠다고 먼저 달려간다. 원래 토끼풀은 3개의 잎이 나야 하지만 돌연변이가 아닌 기형으로 4개의 잎이 난다고 한다. 대략 10,000번에 한 번꼴로 네잎클로버가 핀다고 알려져 있는데, 이 네잎 클로버를 다른 곳에 심는다고 다시 네잎클로버가 나오지는 않는다고 한다. 10,000번에 하나 찾는 네잎클로버, 이번 여름엔 찾을 수 있을까?

모두 다 내게 오렴 토끼풀 토끼풀은 토끼뿐만 아니라 초식동물들이 좋아하는 풀이라고 한다. 게다가 토끼풀꽃에 꿀도 많이 있어서 꿀벌이나 나비가 많이 찾아오고 꿀의 품질도 좋다고 한다. 토끼풀 뿌리에는 강낭콩, 팥과 같은 다른 콩과 식물들처럼 질소를 고정하는 뿌리혹박테리아가 있어 땅을 기름지게 한다. 행운을 바라는 사람, 꿀을 바라는 벌과 나비, 토양까지… 이처럼 많이 주고 많이 사랑받는 식물이 있을까 싶다.

멀리서 보아야 멋있어요, 억새

야외 의자를 기준으로 왼쪽엔 행운을 주는 토끼풀 밭이 있다면 오른쪽에는 억새밭이 그보다 넓게 펼쳐져 있다. 바람에 따라 이리저리 물결치는 억새밭에는 위에서 바라볼 수 있는 전망대도 있다.

- 볏과의 여러해살이풀
- 높이 1~2m, 뿌리줄기는 모여나고 굵으며 원기둥 모양
- 잎은 길이 40~70㎝로 가장자리는 까칠까칠함
- 9월에 꽃은 줄기 끝에 달리며 작은 이삭이 촘촘히 달림

가까이하기엔 조금 위험한 억새 사람들이 갈대와 많이 헷갈리는 억새는 물기 없는 마른 땅에서도 잘 자라는 여러해살이풀이다. 억새라는 이름은 '억세다'라는 말에서 유래되었는데, 줄기가 억세고 잎 가장자리에 있는 톱니가 날카로워서 스치기만 해도 쉽게 베인다. 억센 만큼 튼튼하기 때문에 억새는 옛날에 지붕을 만드는 재료로 쓰였다. 억새, 벼, 보리 같은 풀의 줄기를 엮어서 새 지붕 만드는 것을 이엉엮기라고 하는데, 억새로 만든 지붕은 볏짚으로 만든 것보다 벌레가 덜 꼬이고 훨씬 오래갔다고 한다. 또한 억새를 잘라 흙과 반죽한 뒤에 벽을 쌓으면 흙집을 튼튼하게 만들 수 있었다.

가을엔 날 보러 와요 억새 흰색 또는 은색 빛이 햇빛아래 반짝이는 억새꽃은 9월에 줄기 끝에 생기는데 작은 이삭이 촘촘히 달려 있다. 너른

벌판에 이 은색 물결이 출렁이는 것을 보기 위해 많은 사람들이 억새군락지에 찾아간다. 강원도 정선 민둥산 억새꽃 축제, 서울 억새 축제, 영남알프스 억새 축제, 산정호수 명성산 억새 축제 등 억새 관련 국내 축제가 많이 열린다. 억새는 겨울이 되면 윗부분만 죽고 뿌리는 그대로 살아 있어 억새가 한번 자리 잡은 곳은 금세 억새밭이 된다고 한다.

작지만 숨은 내공의 소유자, 개구리밥

동그랗게 조성된 습지를 가로지르는 나무 데크 주변으로 졸졸졸 흐르는 물길을 볼 수 있는데, 이곳에 개구리밥이 있다.

- 개구리밥과 한해살이 식물
- 전 세계 온대, 열대에 분포하는 수생식물
- 식물 전체가 3~10㎜, 가장자리와 뒷면은 자색
- 식물체 아래 중앙에 3~5㎝ 정도 뿌리가 5~10개 나옴
- 꽃은 7~8월에 하얀색으로 피나 너무 작아 거의 관찰되지 않음

줄기가 없는 식물 개구리밥 개구리가 많이 사는 곳에서 자라고, 올챙이가 먹는 풀이라 개구리밥, 물 위에 떠다니며 자라서 부평초라고 한다. 정처 없이 떠돌이 생활을 하는 사람을 가리켜 '부평초인생', '부평초 같은 사람'이라고 하는데 이 개구리밥의 모습을 본떠 만든 것이다. 가을에 생긴 겨울눈은 매우 작아 관찰하기 어려운데, 물속에 가라앉아서 추운 겨울을 나고 다음 해 봄에 물 위로 올라온다.

개구리밥을 들어서 살펴보면 줄기가 없이 잎에 뿌리가 달려 있는 것을 볼 수 있다. 이런 형태를 엽상체라고 하는데 몸 전체가 잎처럼 생기고 평평해서 몸 전체가 잎의 역할을 하며 물과 양분을 흡수하여 광합성을 하게 된다. 개구리밥 이외에 엽상체를 가지고 있는 생물로는 김, 미역, 다시마, 우산이끼 등이 있다.

먹을 수도 있다는데 무슨 맛일까, 개구리밥 개구리밥을 영어로는 'duckweed'라고 하는데 실제로 오리가 좋아하는 먹이 중 하나라고 한다. 물이 있는 곳에서 흔히 볼 수 있는 이 개구리밥이 최근 단백질의 보고로 알려져 개구리밥을 이용해 대체 단백질을 만드는 스타트업도 생겼다. 대체 단백질을 만들 때 많이 활용하는 콩보다 단백질 생산량이 10배 이상 많고, 기르는데 필요한 물 소비량은 10분의 1이다. 게다가 단순한 몸의 구조로 인해 번식력 및 성장 속도가 매우 빨라 저렴하면서도 안정적으로 원료를 공급할 수 있다. 미국 회사 플랜티블 푸드(Plantible Foods)는 개구리밥 추출물로 베이커리에서 활용 가능한 계란 대체제를 개발하였다. 올챙이도 오리도 맛있게 먹는 개구리밥이니 마트에서 흔히 볼 수 있는 새싹채소와 같은 맛이 날 것 같았는데, 내가 상상한 그런 맛은 아닌가 보다.

겨울에도 푸른 빛, 맥문동

습지원과 메타세쿼이아길, 남동둘레길, 억새밭을 연결하는 공터에는 키가 큰 느티나무와 버드나무가 있는데, 그중 물을 좋아하는 버드나무 밑에 맥문동이 도넛모양으로 심어져 있다.

- 백합과의 상록성 여러해살이풀
- 30~50㎝의 잎은 끝이 뾰족하고 아래로 처짐
- 보라색 꽃은 5~8월에 꽃줄기 위쪽에 총상꽃차례로 달림
- 그늘진 곳에서도 잘 자라 아파트나 빌딩의 그늘진 곳에 많이 심음

그늘에서도 잘 자라요, 맥문동 내가 살고 있는 아파트 화단에도, 이전에 근무하던 학교 강당 뒤뜰에도 이 진한 초록색 잎이 인상적인 맥문동을 볼 수 있었다. 맥문동은 상록성 여러해살이풀로, 상록성이란 식물이 가을과 겨울에도 잎이 지지 않고 일 년 내내 푸른빛을 가진 것을 말한다.

왕에게 사랑받았던 맥문동 맥문동의 뿌리는 사포닌 성분이 들어있어 한방에서 폐와 호흡기 질환을 치료하는 데 쓰인다. 음지나 양지나 어디에서나 잘 자라는 맥문동은 현대에 건강식품으로 알려져 있지 않지만 조선왕들의 기밀을 기록한 승정원일기에서도 1000번 이상 언급되었고, 장수했던 영조의 건강비결이었다고 한다.

몸에 좋다고 유명한 인삼은 약효가 있으려면 오랜 시간 재배해야 하고, 산삼의 경우는 산 속에서 찾기조차 매우 어렵다. 하지만 우리 주변에 흔하고 평범한 맥문동에게도 건강에 도움이 되는 숨겨진 능력이 있다. 이런 맥문동을 보며 나는 과연 평범하다고 그 능력까지 낮게 보지는 않았는지 다시 한번 생각해 보게된다.

꽃 대 꽃

서양 외국인들이 한국인에게 "한국 사람, 중국 사람, 일본 사람 다 똑같이 생겼어요."라고 하면 어떤 생각이 들까? 말 못 하는 식물이지만 우리 풀꽃들은 늘 "난 저 아이와 이렇게 달라요."라고 이야기하고 있었다. 우리가 알아차리지 못 했을 뿐….

앞서 소개한 인천대공원 습지생태계를 이루는 많은 풀꽃들 중 비슷한 듯 비슷하지 않은 식물들에 대해 알아보자.

꽃창포 vs 창포 vs 붓꽃

국명	**꽃창포**
학명	Iris ensata Thunb.
분류체계	Iridaceae 붓꽃과 〉 Iris 붓꽃속
국명	**노랑꽃창포**
학명	Iris pseudacorus L.
분류체계	Iridaceae 붓꽃과 〉 Iris 붓꽃속
국명	**붓꽃**
학명	Iris sanguinea Donn ex Hornem.
분류체계	ridaceae 붓꽃과 〉 Iris 붓꽃속

국명 **창포**

학명 Acorus calamus L.

분류체계 Acoraceae 창포과 〉 Acorus 창포속

국립생물자원관에 나온 학명, 분류체계를 보면 꽃창포, 노랑꽃창포, 붓꽃은 모두 백합목 붓꽃과 식물이지만, 창포는 천남성목, 창포과로 전혀 다른 종임을 알 수 있다. 꽃창포, 노랑꽃창포, 붓꽃에 공통적으로 들어가는 Iris(아이리스)는 그리스신화에서 무지개처럼 하늘과 땅을 연결하는 신들의 전령이자 심부름꾼인 여신 이리스(Iris)에서 유래된 말이다.

그럼 왜 이름은 창포, 꽃창포일까? 단오에 하던 세시풍속 중 하나인 창포물에 머리 감기는 창포의 잎과 뿌리를 우려낸 물에 머리를 감는 것으로, 창포물에 머리를 감으면 머리카락이 잘 빠지지 않고 은은한 향기가 난다고 한다. 이런 창포의 꽃은 밋밋하고 길쭉한 형태인데, 꽃창포는 창포와 비슷하게 생겼지만, 꽃이 핀다고 하여 꽃창포라고 하였다.

꽃을 자세히 보면 붓꽃은 꽃 안쪽에 갈색 그물 무늬가 있고, 꽃창포, 노랑꽃창포는 그런 무늬가 없는 것을 볼 수 있다. 창포는 이들과 달리 꽃의 모양이 전혀 다르다. 또한 붓꽃은 들이나 화단에서 자라지만 창포, 꽃창포는 습지에서 자란다. 습지가 아닌 곳에 있으면서 꽃 안쪽에 화려한 무늬가 있다면 붓꽃, 연못과 같은 습지 주변에 있는데, 예쁜 꽃이 피어 있다면 꽃창포, 잎 중간에 원기둥 모양의 꽃이 있다면 창포라고 구분해 보자.

꽃 모양 비교

꽃창포

노랑꽃창포

붓꽃

창포

수련 vs 연꽃

인천대공원 습지원 대표 꽃인 수련과 연꽃을 살펴보자.

국 명	**수련**
학 명	Nymphaea tetragona Georgi
분류체계	Nymphaeaceae 수련과 〉 Nymphaea 수련속

국명 **연**

학명 Nelumbo nucifera Gaertn

분류체계 Nelumbonaceae 연과 〉 Nelumbo 연속

연은 연못이나 수심이 낮은 호수 등에서 자라는 여러해살이 수생식물이다. 꽃은 7~8월에 피는데 물 위로 솟은 꽃대 끝에 한 개씩 달린다. 뿌리를 식용으로 쓰고 꽃잎과 잎을 차로 만들어 마시거나 잎을 찜 요리할 때 이용하기도 한다. 수련과 다르게 연의 잎은 더 크고 잎이 갈라져 있지 않으며, 꽃자루가 물 위로 길게 나와 있어서 구분하기 쉽다. 다음에서 수련과 연의 꽃과 잎을 자세히 살펴보자.

꽃 모양 비교

수련

연

수련의 꽃은 물표면 가까이로 꽃대가 올라와 꽃이 피기 때문에 물위에 꽃이 올라와 있는 모양이고, 연은 꽃대가 물 위로 더 올라와 꽃이 펴서 물 표면보다 위에 꽃이 핀다. 꽃잎의 모양도 수련이 연에 비해 좁고 뾰족한

것을 볼 수 있다.

잎 모양 비교

수련 | 연

수련의 잎은 꽃과 마찬가지로 물 표면위에 떠 있고 잎 안쪽이 찢어져 있는 모양이다. 연의 잎은 꽃과 같이 물 표면에서 줄기가 더 올라와 있고 수련잎과 달리 발수성(표면에 물이 잘 스며들지 않는 성질)이 있어서 잎이 물에 젖지 않는다.

억새 vs 갈대

국명	**억새**
학명	Miscanthus sinensis Andersson
분류체계	Poaceae 볏과 〉 Miscanthus 억새속

국 명	**갈대**
학 명	Phragmites australis (Cav.) Trin. ex Steud
분류체계	Poaceae 볏과 〉 Phragmites 갈대속

갈대는 줄기의 길이가 1~3m로 1~2m 정도인 억새보다 크게 자란다. 억새가 산이나 들과 같은 곳에서 볼 수 있다면 갈대는 냇가나 습지와 같은 물 주변에서 찾아볼 수 있다. 갈대의 어린 순은 당분과 단백질이 풍부해 식용으로 사용하고 갈대의 이삭은 빗자루로, 이삭의 털은 솜 대용으로도 사용하였다. 또한 갈대로 만든 비목재펄프는 품질이 좋은 종이로 만들 수 있다. 갈대의 뿌리는 좌우 사방으로 자라는 특성이 있어 하천 제방의 침식을 방지하고, 뿌리와 줄기에 있는 각종 미생물의 수질 정화 능력이 알려지며 하천 생태계에서 중요한 역할을 하고 있다.

꽃 모양 비교

억새

갈대

억새와 갈대를 구분하는 방법으로는

첫째, 자라는 곳이 건조한 곳이라면 억새, 물이 많은 곳이라면 갈대

둘째, 잎의 가장자리가 날카롭다면 억새, 아니라면 갈대

셋째, 꽃의 색깔이 은색이면 억새, 갈색이면서 축 처져 있다면 갈대이다.

토끼풀 vs 괭이밥

국 명	**토끼풀**
학 명	Trifolium repens L.
분류체계	Fabaceae 콩과 〉 Trifolium 토끼풀속
국 명	**괭이밥**
학 명	Oxalis corniculata L.
분류체계	Oxalidaceae 괭이밥과 〉 Oxalis 괭이밥속

토끼풀은 유럽 원산의 귀화식물로 목초용으로 재배하던 것이 야생화된 여러해살이풀로 토끼, 소, 말 초식동물들이 좋아한다. 괭이밥은 고양이가 소화가 잘 안되면 먹는다고 해서 '괭이밥'이라고 하는데, 신맛을 가지고 있어서 아무 동물에게나 먹이면 배탈이 날 수 있다고 한다. 또한 괭이밥의 잎은 낮에는 하트모양으로 활짝 펼치고 있다가 밤이 되면 접은 우산과 같이 오므리는 성질을 가지고 있다.

토끼풀, 괭이밥 모두 3개의 잎에 햇볕이 잘 드는 곳을 좋아하는 키 작은 풀

이지만 잎과 꽃의 특징을 살펴보면 전혀 다른 식물이라는 것을 알 수 있다.

잎 모양 비교

토끼풀

괭이밥

토끼풀의 잎은 둥근 모양에 잎 가장자리는 잔 톱니가 있으며, 괭이밥의 잎은 거꾸로 된 심장형, 즉 하트 모양이다.

꽃 모양 비교

토끼풀

괭이밥

토끼풀의 꽃은 흰색의 작은 꽃 30~80개가 모여서 둥근 공 모양을 하고 있고, 괭이밥의 꽃은 노란색으로 5개의 꽃잎을 가지고 있다.

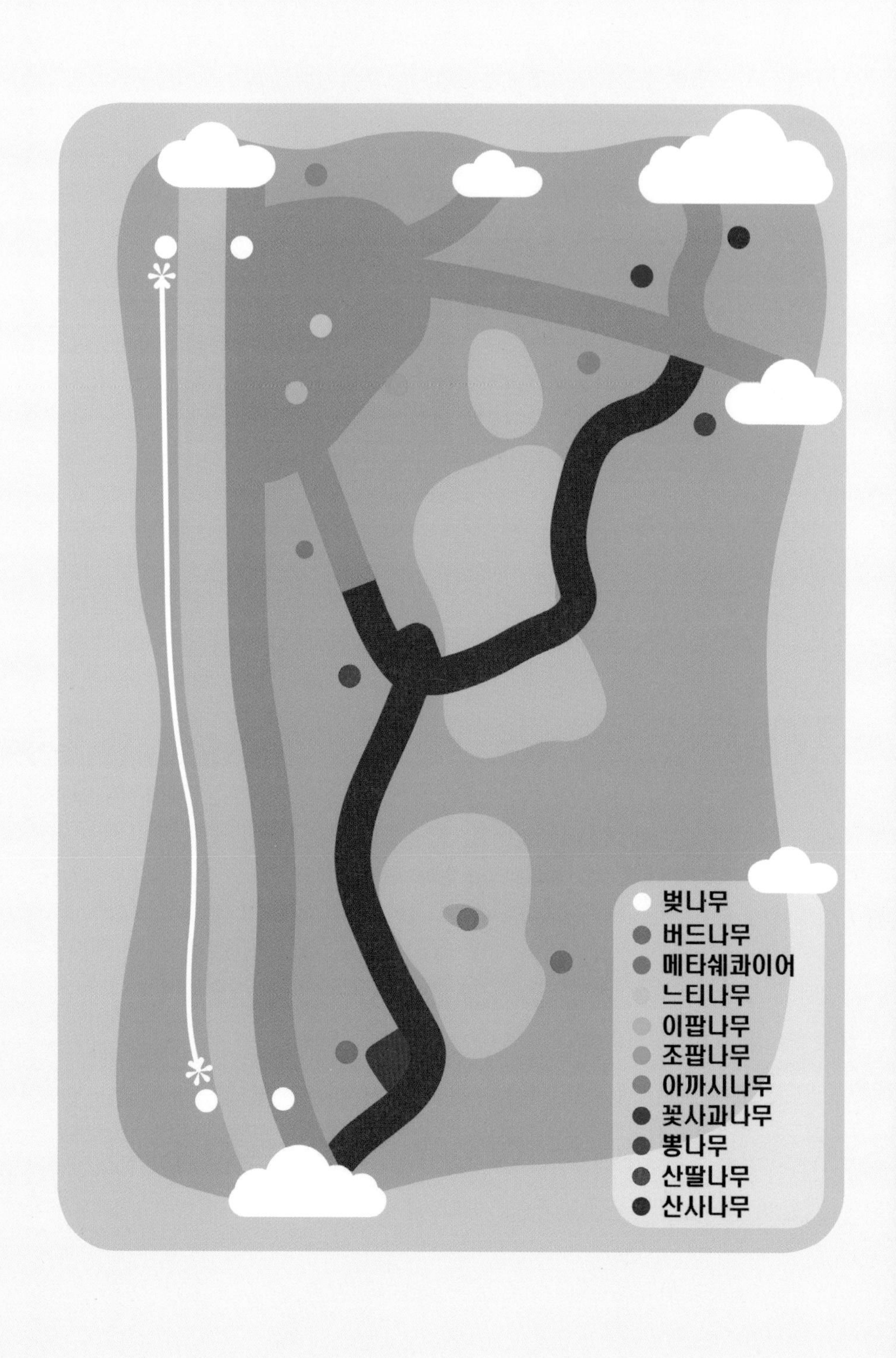
벚나무
버드나무
메타쉐콰이어
느티나무
이팝나무
조팝나무
아까시나무
꽃사과나무
뽕나무
산딸나무
산사나무

습지원 주위의 나무들

습지원을 지키는 수문장, 나무

장수천을 따라 걷다 보면 주위에는 많은 나무가 나를 반기듯 우뚝 서 있다. 장수천 길에서 자라고 있는 벚나무들, 아마 4월엔 내가 나무의 왕이라는 듯 하얀 꽃들을 가득 피웠을 것이다. 잎보다 하얀 꽃을 먼저 피워 더 탐스럽고 더 화려한 듯하다.

장수천을 따라 걷다 습지원으로 눈을 돌려 보면 물을 좋아하는 버드나무들이 이곳저곳에서 길게 뻗은 나뭇가지를 뽐내듯 바람에 맞춰 춤을 추고 있다. 나무 대부분은 습지원 조성을 위해 심어져 나무 크기가 비슷한데, 버드나무는 크고 작은 나무가 섞여 있는 것으로 보아 대공원이 생기기 예전부터 습지원의 주인처럼 이곳을 지키고 있었는지도 모른다.

아직 5월 중순이지만 여름처럼 햇빛은 따가워 벌써 그늘이 그리워진다. 그늘을 피하기 좋은 나무하면 딱 떠오르는 나무, 느티나무 한 그루가 습지원 앞 공터에 자태를 뽐내고 있다. 가을이 되면 가장 먼저 빨갛게 또는 노랗게 단풍이 들 것이다. 단풍의 시기를 알리는 나무 느티나무.

그 큰 느티나무 옆에는 하얀 쌀밥이 가득한 것처럼 보이는 작은 이팝나무들이 이제 여름에 들어섰다는 것을 알리는 듯 흰 꽃을 가득 피웠다. 예전엔 '이밥나무'라고 불리었다니 꽃이 더 쌀밥처럼 보인다. 쌀밥하면 또 떠오르는 나무, 조팝나무가 바로 옆 울타리용으로 심겨 있다. 조팝나무도 이밥나무처럼 '조밥나무'라 불리었다고 한다.

느티나무 그늘에 앉아 바람을 기다리면 어디선가 아까시꽃 향이 바람을 타고 날아오른다. 달콤하고 향긋한 향기가 나는 꽃나무, 아까시나무. 하지만 아까시보다는 아카시아라고 잘못 알고 있는 나무, 이젠 제대로 불러줬으면 좋겠다.

달콤한 꽃향기를 맡으며 주위를 더 살펴보니 길쭉하게 잘 자란 메타세쿼이아부터 뽕나무, 산딸나무 등이 습지원을 지키는 듯 곳곳에서 우뚝 서 있다.

아까시나무

이팝나무

화려하기도 강하기도 한 벚나무

4월이 시작되면 남부지방부터 숨을 멎게 만드는 광경이 연출된다. 벚나무 가지가지에는 부드러운 분홍색 또는 하얀 꽃잎이 군락을 이루는 풍경이 마법 같은 세계로 변모시킨다. 만발한 벚꽃의 모습은 경외와 경이감을 일으키며, 멀리서 사람들이 그 아름다움을 목격하기 위해 찾아온다.

화려한 꽃을 자랑하는 벚나무에 대해 알아보도록 하자.

· 장미과에 속하는 낙엽성 큰키나무
· 4~5월 꽃은 연한 홍색 또는 흰색 꽃, 6월 이후 구형인 검붉은색 열매가 성숙함
· 동아시아 전역에서 자라고 키가 20m 이상 자라며 자생력이 뛰어남
· 우리나라에서는 산벚나무, 벚나무, 잔털벚나무, 올벚나무, 겹벚나무, 개벚나무, 왕벚나무 등이 자라며 울릉도에 섬벚나무(고유종)가 자생
· 목재는 치밀하고 탄력이 있어 가구 및 건축물에 사용

산벚나무로 만든 팔만대장경판 벚나무는 목질이 치밀하고 탄력이 있어 예전부터 가구나 건축물 목재로 활용됐다. 세계기록유산이며 국보 제32호인 팔만대장경판은 자작나무로 만들어졌다고 알고 있지만 64% 정도가 산벚나무 목재로 만들어졌다고 한다. 팔만대장경판은 산벚나무, 돌배나무, 거제수나무, 층층나무, 고로쇠나무 등으로 만들어진 것으로 밝혀졌다. 또한, 조선시대 국궁을 만드는 데도 벚나무가 사용되었다고 한다.

버찌가 체리? 화려한 눈꽃 축제가 끝나고 6월이 되면 벚나무에는 빨간 구슬 열매를 쉽게 찾아볼 수 있다. 빨간 구슬 열매는 점점 검붉게 변하며 익어 간다. 예전에는 벚나무 열매를 간식거리로 먹기도 했다고 하는데 버찌는 단맛이 적고 떨떠름한 맛이 난다고 한다. 버찌와 비슷하게 생긴 것을 떠올려 보면 체리가 떠오르는데 체리는 우리가 알고 있는 버찌에 비해 색은 붉은색 과육이며 맛은 달다.

버찌와 체리

인터넷을 찾아보니 버찌를 영어로 체리(cherry)라고 한다고 한다. 맛도 크기도 색도 다른데…. 우리가 알고 있는 체리는 크기도 더 크고 단맛이 강한 열매인데, 버찌가 체리라고? 서양에서 체리는 다양한 열매를 통칭하는 것 같다. 앵두나무 열매도 체리라 하고 커피 열매도 커피체리, 버찌처럼 둥근 열매를 모두 체리라 한다. 아마도 [벚나무속]에 속한 나무 열매를 모두 체리라 부르는 듯하다. 열매가 다 떨어지기 전 인천대공원에 들러 우리나라 체리 맛을 한번 맛봐야겠다.

개미와 공생하는 벚나무 왕벚나무 잎을 관찰해 보면 특이하게 생긴 부분을 쉽게 찾을 수 있다. 잎자루와 잎 사이에 작은 돌기 같은 것이 1~2개씩 있는 것을 볼 수 있는데 이것을 꽃밖꿀샘(화외밀선)이라고 한다. 우리가 알고 있는 꽃 속의 꿀샘은 꽃안꿀샘이라고 하며 꽃안꿀샘은 충매화 식물이 꽃가루받이를 위해 동물을 유인하고 그 대가로 꿀을 주는 곳이다. 그러면 꽃밖꿀샘은 무슨 역할을 하는 것일까? 왕벚나무의 경우는 개미를 유인하기 위한 것이라고 한다. 벚나무는 개미에게 단물을 제공하고 대신 개미는 왕벚나무의 잎을 해충으로부터 보호하는 역할을 하는 것이다. 서로 공생의 관계라 할 수 있을 것이다. 그러면 꽃밖꿀샘은 왕벚나무에만 있는 것일까? 우리나라에 서식하는 식물 중 4% 정도가 있다고 하는데 우리 주변에서는 감나무, 참깨, 고구마, 호박, 자두나무, 복숭아나무 등에서 볼 수 있다고 한다. 우리 주변에 있는 왕벚나무와 복숭아나무 등에서 꽃밖꿀샘을 찾아보는 재미있는 활동도 해 보면 좋을 것 같다.

왕벚나무 꽃밖꿀샘

물을 좋아하는 버드나무

벚꽃에 취해 한참 길을 걷다 보면 장수천 옆에 습지원이 보인다. 습지원 입구에는 15m는 충분히 넘을 듯한 버드나무들이 보인다. 그리고 그 주위에는 크고 작은 버드나무들이 이곳저곳에서 자라고 있다. 아무 곳에서도 잘 자라는 버드나무이지만 "난 물이 참 좋아" 하는 것처럼 습지원 곳곳에서 잘 자라고 있다.

· 버드나무속에 속하는 낙엽성 큰키나무
· 꽃은 4월에 피며, 열매는 5월에 익음, 암수딴그루
· 꽃은 암, 수가 딴 나무에서 열리지만, 간혹 한 나무에 생기기도 함
· 하천 유역 및 벌판에서 주로 볼 수 있는 나무, 20m까지 자람
· 추위에 강하며 전국에서 볼 수 있고, 습지에서도 잘 자라 물이 흘러나오는 근원의 지표식물

버드나무 껍질 아스피린의 원료 이순신 장군이 무과 시험을 치르던 중 말에서 떨어져 다리가 부러졌는데 버드나무 가지로 다리를 싸매고 시험을 마쳤다는 이야기를 들어본 적이 있을 것이다. 버드나무를 아플 때 사용했던 사람은 이순신 장군만이 아니었다.

기원전 3000년 전에 쓰인 파피루스에서는 이집트 사람들이 열이 나거나 아플 때 버드나무를 이용했다는 기록이 전해지고 있다. 또한 기원전 5세기경 히포크라테스가 버드나무 껍질을 진통제로 사용했으며 우리나라 동의보감에서도 버드나무는 진통 효과가 있어 버드나무 달인 물로 양치하면 치통이 낫는다고 기록되어 있다. 이는 버드나무가 스트레스를 받거

나 균으로부터 보호하기 위해 껍질에서 실리실산이라는 물질이 나오는데 이 물질이 해열, 진통의 효과가 있는 것이다. 이를 이용해 개발된 약이 바로 아스피린이다. 지금까지 아스피린은 해열진통제로 널리 사용되고 있으며 아스피린은 아세틸(Acetyl)과 버드나무(Spiraes)의 앞부분을 따서 지은 이름이라고 한다.

버드나무 나무껍질과 이순신 장군 동상

거꾸로 심어도 자라는 강한 생명력 버드나무는 가지를 꺾어 심어도, 심지어 거꾸로 심어도 가지에서 뿌리가 내려 번식이 가능한 나무라 한다. 본초강목에서는 "버드나무는 세로로 놔도 옆으로 놔도 거꾸로 또는 바르게 꽂든 모두 산다."라고 적혀 있다. 민화에서도 "버드나무 지팡이를 땅 위에 꽂아 두어도 뿌리가 내려 거목이 되었다."라는 이야기가 전해질 정도이다. 강인한 생명력과 번식력 때문인지 주몽의 어머니 유화(버들꽃이란 뜻) 부인 이야기, 고려 태조 왕건, 조선을 세운 이성계 이야기에서 버드나무가 등장한다. 고려 태조 왕건이 목이 말라 우물가에 들렀

는데 한 여인에게 물을 달라고 하니 체하지 말라고 물 위에 버드나무 잎을 띄워 주었다는 이야기가 전해진다. 그 여인이 제2 왕후인 장화왕후 오 씨라 한다. 그리고 조선을 세운 이성계에게도 똑같은 설화가 전해지는데 그 여인은 신덕왕후 강 씨라 전해지고 있다. 물을 깨끗하게 하는 능력이 뛰어나 옛날에는 우물 옆에 버드나무를 많이 심었는데 이 때문에 위와 같은 이야기가 전해지는 듯하다.

재미있는 놀이를 해 볼까요? 나무의 줄기에는 우리 몸에 혈액이 흐르는 것처럼 물과 영양소가 흐르는 물관과 체관이 있다. 물관과 체관을 맨눈으로는 관찰할 수 없지만, 간접적으로 관의 존재를 아는 방법이 있다.

다음의 활동을 통해 물관과 체관의 존재를 경험해 보자.

준비물로는 버드나무 마른 가지와 자른 풍선이나 테이프, 비눗방울액이 필요하다. 아래처럼 버드나무 가지를 비눗방울액에 담갔다가 불면 비눗방울이 나오는 것을 알 수 있다. 이는 나뭇가지에 공기가 통과할 정도의 관이 있다는 것이다.

버드나무 가지 찾기

두께가 두껍지 않고 균일한 가지

손가락 길이 정도로 자르기

한쪽 끝에 테이프나 자른 풍선 끼우기

나뭇가지를 비눗물에 담그기

입으로 힘껏 불어보기

하늘을 찌를 듯 꼿꼿한 메타세쿼이아

습지원 입구에 유난히 줄기가 곧고 길쭉한 나무들이 보인다. 잎이 달린 전봇대인가 싶을 정도로 곧게 자란 모습이 참 멋있다. 우리나라 가로수로 많이 심는 나무 중 하나인 메타세쿼이아이다. 유명한 가로수길 중에 서울 강서구청 앞길과 전라남도 담양군, 남이섬의 메타세쿼이아길 등이 유명하다.

- 낙우송과에 속하는 낙엽성 침엽수, 큰키나무
- 꽃은 2~3월에 피며, 열매는 구과이고 둥근 모양이며 갈색으로 익어 벌어져 타원 모양의 종자가 나옴
- 꽃은 암, 수가 한 나무에서 열리고 곧게 높이까지 자람
- 원산지는 중국이고 한국, 중국 등에서 분포, 주로 공원수로 식재
- 자연번식을 하지 못해 멸종위기종

화석에서 돌아온 메타세쿼이아 메타세쿼이아는 중생대 후기부터 신생대에 이르기까지 북반구에 걸쳐 번성했던 나무 중 하나이며 살아 있는 화석이라 불리는 나무이다. 하지만 메타세쿼이아는 멸종위기종에 속한 나무로 춥고 건조해진 기후변화 때문에 쇠퇴해 결국 멸종한 것으로 알려졌는데 중일전쟁 당시인 1940년대에 중국에서 메타세쿼이아 군락이 발견되면서 우리나라는 1970년대부터 가로수 묘목으로 보급되어 쉽게 볼 수 있게 되었다. 하지만 메타세쿼이아는 은행나무처럼 자연번식을 하지 못해 멸종위기종으로 지정되었다. 하늘을 찌를 듯 곧게 자라는 멋진 메타세쿼이아 나무, 우리가 지켜야 할 나무란 생각이 든다.

멸종위기종 은행나무

침엽수는 사계절 상록 아닌가요? '우리나라 사람들이 제일 좋아하는 나무가 무엇일까?'라는 질문을 하면 70% 정도가 소나무라고 대답한다고 한다. 어느 설문조사 결과에 나온 통계로 소나무는 우리나라 사람들이 가장 선호하는 나무라 한다. 소나무를 왜 이렇게 좋아할까? 여러 이유 중 하나는 애국가처럼 철갑을 두른 듯 바람이 부나 서리가 내리나 불변하는 나무이기 때문이다. 즉 사시사철 푸르른 나무이기 때문일 것이다. 그래서인지 소나무처럼 침엽수인 나무들은 모두 사계절 내내 푸를 것으로 생각하는 사람들이 많다. 나 역시 예전에는 "침엽수는 모두 상록수야."라고 생각했기 때문이다. 하지만 침엽수 중에는 상록수가 아닌 나무들이 존재한다. 그중 대표적인 나무가 바로 메타세쿼이아다. 메타세쿼이아는 겨울이 되면 잎이 떨어지는 낙엽성 침엽수다. 우리나라에는 대표적으로 일본잎갈나무(낙엽송), 낙우송, 메타세쿼이아가 있다.

메타세쿼이아, 낙우송, 일본잎갈나무 단풍

이쁜 팔찌 만들기 봄이 되면 메타세쿼이아 구과는 나무에서 떨어지는데 작은 소나무 솔방울처럼 생겼다. 대공원에서 벚꽃이 질 때쯤 가 보면 많이 볼 수 있다.

메타세쿼이아 구과

작은 솔방울처럼 생긴 이 구과를 뭐에 쓰면 좋을까? 생각하며 인터넷을 찾아보니 많은 사람이 이쁜 팔찌를 만들어 올린 사진을 쉽게 볼 수 있었다. 재료도 아주 단순했다. 어떤 분은 끈과 구과를 이용한 팔찌, 거기에 이쁜 나무 구슬을 끼운 팔찌 등을 볼 수 있었다.

그럼 어떻게 팔찌를 만드는지 알아보도록 하자.

우리가 만드는 팔찌를 만들 때는 메타세쿼이아의 마른 구과, 팔찌용 끈, 구멍이 있는 나무 구슬 등이 필요하다.

먼저 50~60cm의 끈을 준비하고 끈을 반 접어 접힌 쪽을 구슬이 잘 들어갈 수 있는 크기의 고리가 되게 매듭을 만든다. 그리고 전체 길이의 1/3(손목 굵기에 따라 조정) 정도 되는 곳에 매듭을 만든다. 구과를 1~3개 정도 뒷부분 틈에 끼워 빠지지 않게 한 후 매듭을 지어 고정한다. 끝 마지막에 매듭을 지은 후 처음 만든 고리에 끼우면 완성된다. 혹시 나무 구슬이 있으면 구과 양쪽과 끝부분에 끼우면 좀 더 화려한 팔찌를 만들 수 있다.

자연물을 이용해 만드는 장신구는 화려한 색깔이나 반짝임이 없이도 참 이쁜 것 같다. 자연 그대로의 아름다움을 느낄 수 있는 좋은 활동이 될 수 있을 것이다.

팔찌뿐만 아니라 목걸이, 여러 모양의 장신구를 만들 수도 있다. 4월에 메타세쿼이아가 있는 공원에 가 보면 쉽게 나무 밑에 떨어진 구과를 볼 수 있을 것이다. 손목이 다치지 않게 잘 다듬어 팔찌나 목걸이를 아이들과 만들면 좋은 교육이 될 것이다.

끈을 반 접어 고리 매듭짓기

1/3 지점(손목 굵기에 따라 다름)에 매듭짓기

구과 뒤쪽 틈에 끈 끼우기

구과 끝에 매듭지어 고정하고 마지막에 매듭짓고 고리에 끼우기

나무 구슬로 장식한 팔찌와 목걸이

꽃보다 화려한 꽃차례받침(총포)을 지닌 산딸나무

대공원 습지원 벚꽃, 아까시꽃, 이팝나무꽃이 지면 5월 중순쯤이 된다. 한꺼번에 이 많은 꽃이 피지 않고 계절에 따라 다양한 꽃을 볼 수 있어 대공원을 자주 오게 되는 듯싶다. 이번엔 어떤 꽃들이 날 반겨 줄지 궁금하기도 하다. 습지원 안쪽 길을 걷다 보면 하얗게 나무를 가득 덮고 있는 것이 보인다. 정말 나무를 다 덮을 것처럼 꽃이 많고 크다. 가까이 가 보니 산딸나무였다. 가운데는 초록색이고 주위는 4개의 흰 꽃이 나뉘어 있다. 다른 꽃나무와 달리 독특하고 신기한 모양이었다. 오늘은 산딸나무에 대해 좀 더 알아봐야겠다.

- 층층나뭇과의 낙엽활엽수
- 꽃은 5~6월에 피며, 9~10월에 열매가 붉게 익음
- 꽃은 암, 수가 한 나무에서 열리고 곧게 높이까지 자람
- 열매는 식용할 수 있으며 새들이 주로 먹음
- 꽃처럼 보이는 흰 부분은 꽃차례받침이고 가운데 초록 부분이 꽃

작은 꽃들을 가진 산딸나무 하얀 꽃으로 덮인 산딸나무라 생각할 수 있지만 하얀 꽃은 꽃이 아니다. 가까이 가서 꽃을 보지 않아서 생긴 오해이거나 나무가 우릴 속이고 있는지도 모른다. 우리뿐만 아니라 곤충들도 산딸나무꽃에 속고 있을 것이다. 꽃처럼 하얗게 보이는 부분은 꽃이 아니라 꽃차례받침(총포)이라고 한다. 꽃차례받침이 꽃보다 이쁘고 화려하다. 꽃이 작고 초라해서 꽃차례받침이 하얗게 된 것일까? 아님 꽃차례받침이 이뻐서 꽃이 화려할 필요가 없었던 것일까? 무엇이 우선이든 하얗

게 덮인 모습은 누가 뭐라 해도 참 화려하다.

자세하게 꽃을 관찰해 보니 초록색 부분에 작은 꽃들이 옹기종기 모여 꽃을 피웠다. 색깔은 초록색에 가깝고 한 꽃차례받침 안에 작은 꽃들이 20~30개 정도 피어 있다. 자세히 보지 않거나 돋보기로 보지 않으면 꽃잎이나 수술, 암술을 알아볼 수 없을 정도이다. 큰 나무에 이렇게 작은 꽃을 피울 수 있다니 신기하기만 하다. 6월에 하얗게 눈처럼 덮고 있는 산딸나무를 보니 갑자기 찾아온 더위가 식는 듯하다.

산딸나무 꽃차례받침과 그 속의 작은 꽃들

하얀 나비 떼? 십자가 모양? 을 닮은 산딸나무 꽃보다 이쁜 꽃차례받침을 가진 산딸나무, 꽃차례받침을 보면 하얀 받침이 열십자 모양으로 되어 있다. 또 멀리서 보면 꼭 하얀 나비가 떼를 지어 앉아 있는 모양인데,

주위 분들께 물어보면 십자가 모양 닮았다는 이야기를 많이 하신다. 바람이 불 때마다 하얀 나비가 춤을 추는 듯하기도 하고 십자가 모양 같기도 하다. 십자가 모양이라고 하니, 그래서인가 교회나 성당에 가 보면 산딸나무가 한두 그루씩 심겨 있는 곳이 있는데 아마도 꽃차례받침 모양 때문인 듯싶다.

산딸나무 꽃말은 '희생', '견고'라고 한다. 앞에서 이야기했듯 십자가 모양을 닮은 꽃차례받침 때문에 꽃말도 '희생'으로 정해진 것이 아닌가 싶다.

하얀 나비 떼와 십자가를 닮은 산딸나무

산딸나무 이름은 어떻게 지었을까? 꽃보다 하얀 꽃차례받침에만 집중한 듯하다. 산딸나무 이름과 하얀 꽃차례받침과는 연관이 없는 듯한데 산딸나무 이름을 어떻게 지었을까? 대부분 식물의 이름은 모양, 색깔, 서식지 등과 관련이 있다. 산딸나무에 '산'은 서식지를 뜻하는 말이다. 그럼

'딸'이란 글자는 어떤 의미를 지닐까? 그 해답을 찾으려면 열매를 봐야 한다. 9~10월이 되면 산딸나무에는 열매가 붉게 익는다. 열매를 자세히 보면 답을 찾을 수 있는데, 열매 모양이 산딸기처럼 모양과 색깔이 비슷하다. 그래서 산에서 자라는 산딸기나무란 이름을 갖게 된 것이다.

산딸나무 꽃차례받침과 열매

산딸나무 붉은 열매

외국에서는 '개나무'라 불린다? 앞에서도 이야기했지만 우리나라에서는 산에 자라는 산딸기와 닮은 나무란 뜻에 산딸나무라 불린다. 산딸나무에 대해 알아보기 위해 인터넷을 검색하다 보니 영어 이름이 눈에 들어왔다. 지식백과에서 보니 영어식 표현이 [Kousa dogwood]로 되어 있는 것이다. dogwood를 직역하면 '개나무'라고 불렀다는 뜻이다. 우리나라에서 '개'자가 앞에 붙으면 기준으로 삼는 나무보다 품질이 떨어지거나 모양이 다른 나무를 뜻하기도 한다. 예를 들면 '개다래', '개벚나무', '개머루'처럼 말이다. 그러면 외국에서도 'dog'를 붙인 이유가 기준 미달인 나무란 뜻일까? 궁금함이 점점 커져만 간다.

전해 오는 이야기가 여러 가지가 있는데 명확하지는 않지만, 그중 한 가지는 산딸나무 껍질을 달인 물로 개에 물린 상처를 치료하거나 개를 목욕시켰다고 한다. 산딸나무가 개와 관련된 곳에 많이 쓰여 'dogwood'라 한 듯하다. 품질이 낮은 기준 미달인 나무는 역시 아니었다. 그리고 'Kousa'는 일본말로 '풀'이라는 뜻의 쿠사를 그대로 영문으로 바꾼 이름으로 산딸나무가 처음 발견된 곳이 일본이라 'kousa'란 말이 앞에 붙었다고 한다.

산딸나무는 미국인들이 가장 사랑하는 대표적인 꽃나무 중 하나로, 미국 애틀랜타에는 'Atlanta Dogwood Festival'이라는 봄축제가 있을 정도이다. 우리나라 말로 번역하면 '애틀랜타 산딸나무 축제'라 할 수 있는데 우리나라 벚꽃축제와 비슷한 거로 생각하면 될 듯하다. 미국 원산인 꽃산딸나무[Flowering dogwood]는 우리나라 산딸나무와 색깔이나 모양, 열매 등이 조금 다른데 우리나라 산딸나무에선 순백의 아름다움을 느낄 수 있다면 꽃산딸나무는 다양한 색에서 느낄 수 있는 화려함을 볼 수 있다.

대표적인 꽃산딸나무 꽃들

열매는 내가 먹고 뽕잎은 누에가 먹는 뽕나무

뽕나무, 이름부터가 재미있고 우리 일상에 가깝게 자리 잡은 나무이다. 시골에는 집집이 뽕나무 한 그루가 있을 정도로 쓸모가 참 많은 나무였다. 어릴 적 뽕나무 열매가 익을 때가 되면 아이들에게 좋은 간식거리가 되었다. 손에 짙은 보라색 물이 들어도 열매의 단맛을 이겨 낼 수가 없었다. 덜 익으면 새콤한 맛에 먹고 다 익으면 설탕처럼 단맛에 먹는 오디, 옛 기억이 되살아난다.

습지원을 한 바퀴 돌다 보면 큰 뽕나무 한 그루가 보인다. 6월이 되면 이 뽕나무에도 검붉은 열매인 오디가 단내를 풍길 것이다. 이제는 아이들보다는 새들의 좋은 먹이가 될 것이다.

- 뽕나뭇과에 속하는 낙엽활엽수
- 꽃은 6월에 피며, 6월에 열매가 검붉게 익음
- 뽕나무 열매를 오디라 부름
- 뽕잎은 누에의 먹이가 되고 누에를 통해 비단 옷감을 만듦
- 뽕나무는 열매, 잎, 줄기, 뿌리까지 쓸모가 많은 나무

소화 다 됐어요~ 뽕나무 왜 뽕나무일까? '뽕'이란 글자는 누구나 방귀를 생각할 것이다. 정말 방귀랑 관련이 있을까? 예전부터 오디 열매는 소화를 잘 시키는 열매라 하였다. 소화가 안 될 때 오디를 먹으면 배가 편안해지고 방귀를 많이 뀌었다고 한다. 그래서 뽕나무란 이름을 갖게 되었다고 하니, 참 귀엽고 딱 맞는 이름 같다.

인터넷을 검색해 보니 정말로 오디는 소화 기능과 위장 운동을 촉진시

킬 뿐만 아니라 안토시아닌이 많아 항산화 작용까지 해서 노화 방지에도 도움을 준다고 한다. 시골집 주위에 뽕나무 한그루씩 있었던 이유가 천연 소화제, 영양제였던 것이었다. 오디 열매는 사서 먹으면 제맛을 느낄 수 없다. 당도가 점점 떨어진다고 할까? 6월쯤 대공원 산책길의 뽕나무에서 직접 따 먹어야 제맛을 느낄 수 있다.

뽕잎 줄게 비단 다오~ 뽕나무 우리나라는 기후 풍토가 양잠하기에 적합해 예전부터 뽕나무를 심고 누에를 쳐 비단 옷감을 만드는 일이 발달되었다. 좀 더 자세히 양잠의 역사를 들여다보면 삼국시대 이전부터 우리나라 전역에서 누에치기(양잠)를 했었으며 그 기술이 뛰어나 삼국시대와 고려시대에 기술을 일본에 전파하였다. 나라가 전쟁으로 힘들 때나 나라를 새롭게 세울 때는 누에치기를 권하는 권잠 정책을 폈을 정도로 우리나라에서는 좋은 경제 활동 중 하나였다고 한다. 서울 잠실과 잠원동은 예전에는 두 곳 모두 잠실이라고 불렸다. 잠실이란 뜻은 '누에를 치는 방(곳)'이란 뜻이 있으며 잠실은 조선시대 잠실도회가 설치되어 운영되어 오던 곳이다. 잠실도회는 조선시대 세종 때 양잠 기술을 보급하기 위해 설치한 국립양잠소 역할을 하던 곳이다. 잠실은 1971년에 잠실섬을 공사하여 육지가 되었는데 1930년대까지만 해도 잠실섬에는 뽕나무가 무성했다고 한다.

머리부터 발끝까지 아낌없이 주는 뽕나무 뽕나무 열매는 좋은 간식거리로, 뽕잎은 비단을 만들기 위한 누에의 먹이로 활용해 왔다. 이 정도면 뽕나무는 우리에게 많은 것을 선물하는 것이다. 하지만 뽕나무는 뿌

뽕잎을 먹고 있는 누에와 비단

리부터 가지, 새순까지 우리에게 모든 것을 아낌없이 주는 나무이다. 옛말에 '뽕나무는 버릴 것이 하나 없는 나무'란 말이 괜히 나온 것이 아니다.

첫째, 뽕나무 열매는 식용과 약용으로 사용했는데 변비를 개선하고 고혈압과 혈관 건강에 좋은 것으로 알려져 있다. 둘째, 뽕잎은 누에의 먹이로 사용되었고 약용으로도 활용되었는데 칼슘과 철분이 풍부해 빈혈 개선 및 해독작용이 있다고 한다. 셋째, 뽕나무 뿌리는 폐 기능을 돕고 두피 건강 및 모발에 좋아 탈모 증상을 예방한다고 한다. 넷째, 뽕나무 가지는 관절이나 항균, 해열 작용에 쓰인다고 한다. 이것 외에도 뽕나무 모든 부위가 식용이나 약용뿐만 아니라 비단을 만드는 누에의 먹이로도 활용해 온 참 고마운 나무다.

다시금 나무가 우리에게 많은 것을 주듯 우리도 자연을 보살피고 아껴야겠다는 생각이 든다. 동식물은 우리를 위해 존재하는 것이 아니라 같이 살아가는 존재라는 것을 잊으면 안 될 것이다.

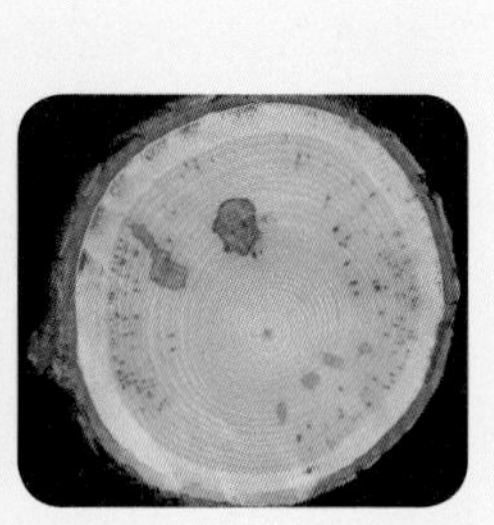

나무 집중탐구, 시작해 볼까요?

대공원 습지원을 둘러보니 참 다양하고 재미있는 나무들이 살고 있는 걸 알게 되었다. 이름도 재미있고 살아가는 방법, 모양도 특이하고 신비롭게 느껴지기까지 했다. 이젠 나무에 대해 더 자세히 알아봐야겠다. 풀과 나무를 어떻게 구분하는지, 앞에서처럼 재미있는 나무 이름을 어떻게 짓는 것인지 등 나무의 신비로움을 더 파헤쳐 봐야겠다.

넌 풀이고 난 나무야

풀과 나무 구분해 보기 식물은 보통 한해살이이거나 여러해살이 식물들이 있다. 한해살이는 한살이 과정 즉 씨에서 싹이 트고 식물이 자라며 꽃이 피고 열매가 맺는데 그 과정이 끝나면 시들어 죽는다. 여러해살이 식물은 한해살이 식물과 한살이 과정은 같으나 뿌리나 줄기가 살아남아 여러 해를 살아가는 식물을 말한다. 그러면 풀과 나무는 어떤 게 다를까?

한해살이풀(닭의장풀, 강아지풀, 토마토, 옥수수)

풀은 한살이 과정을 한 번만 거치고 고사하는 식물인 한해살이풀과 땅 위의 부분은 고사하고 땅속 기관만 살아남아 다시 싹이 트는 여러해살이풀이 있다. 한해살이풀에는 강아지풀, 명아주, 닭의장풀, 콩, 땅콩, 배추, 상추, 옥수수, 고추, 토마토 등이 있다. 여러해살이풀에는 국화, 베고니아, 부용, 꽃창포, 도라지, 튤립 등이 있다.

여러해살이풀(노랑꽃창포, 국화, 튤립, 도라지)

나무는 한해살이는 당연히 없고 다 여러해살이 식물이다. 겨울이 되며 낙엽이 지고 다음에 잎이 다시 나는 나무나 겨울이 되어도 낙엽이 지지 않는 나무들이 있다. 그리고 줄기는 계속 성장하여 길게 자라고 옆으로 자란다. 좀 더 자세히 이야기하면 풀과 달리 나무의 줄기는 형성층이 분화하여 부피 생장이 이루어지는 2차 생장이 이루어지는데 계절에 따라 생장의 정도가 달라서 나이테가 생기게 된다. 하지만 열대지방처럼 온도 차가 심하지 않아 연중 생장하는 나무는 나이테가 희미하거나 없을 수도 있다.

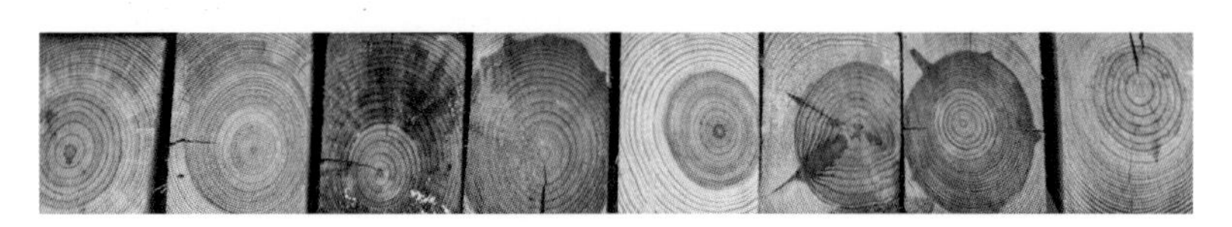

나무의 다양한 나이테

풀과 나무의 특징을 비교해 보면, 다음과 같다.

풀		나무
한해살이, 여러해살이 식물 나이테가 생기지 않음 줄기가 굵어지지 않음	VS	여러해살이 식물 나이테가 있음 줄기가 점점 굵어짐

넌 정체가 뭐야? 퀴즈를 하나 내 볼까? 다음 식물 중 나무는 무엇일까?

대나무

소나무

야자수

바나나

정답은 소나무만 나무이다. 바나나가 풀이라는 것은 이제 많은 사람이 알고 있지만 '대나무나 야자수가 나무가 아니라니?' 놀랐을 것이다. 두 식물 모두 나무의 특징인 줄기의 2차 생장을 하지 않는다는 점에서 나무로 분류하지 않는다고 한다. 그럼 거대한 풀이라 해야겠다.

겨울 추위를 겪어야 꽃을 피우는 식물 풀이 한해살이와 여러해살이만 있는 것은 아니다. 두해살이풀도 있는데 이 풀들은 겨울의 추위를 겪어야 꽃을 피우는 식물이다. 첫해에는 잎, 줄기, 뿌리 등의 영양기관을 만들고 생식기관을 만들지 않는다. 겨울이 지나 다음 봄이 되면 다시 생장을 지속하여 꽃을 피우고 열매를 맺는다. 두해살이풀에는 냉이, 무, 당근, 달맞이꽃 등이 있다.

그래서 당근꽃을 보려면 수확하지 않고 겨울을 보내야 다음 해에 볼 수 있다.

두해살이풀 당근꽃

단풍이 들어가는 나뭇잎

나뭇잎은 왜 초록색일까? 나뭇잎 색깔을 떠올리면 모두 초록색이라고 할 것이다. 그러면 왜 나뭇잎이 초록색일까?

사람의 눈은 사물들에 반사된 가시광선만 인식하여 색깔을 구분할 수 있다. 나뭇잎은 특이하게 태양에서 오는 빛의 다른 파장은 다 흡수하지만, 유독 초록색만 반사한다. 그래서 우리의 눈에는 나뭇잎이 초록색으로 보이는 것이다.

반대로 생각해 보면, 나뭇잎은 태양 빛의 나머지 파장은 광합성을 해서 나무를 생장하는 데 사용하지만, 초록색 파장은 필요하지 않다는 의미이기도 하다. 식물은 광합성을 통해 살아가고 광합성을 하기 위해서는 나뭇잎 속에 있는 엽록소가 자외선 파장에 가까운 보라색의 빛과 적외선 파장에 가까운 붉은 색의 빛을 주로 이용한다는 것이다.

노랗게~ 빨갛게~ 물들었네 나뭇잎은 항상 초록색이 아닐까? 가을이 되면 나뭇잎은 초록색에서 점점 노랗게, 또는 빨갛게 변해 간다. 우린 이것을 '단풍이 들었다'라고 이야기한다.

단풍(단풍나무, 은행나무, 너도밤나무)

가을로 넘어가면서 나뭇잎을 초록색으로 보이게 하던 엽록소가 파괴되어 여러 색의 단풍이 드는 것이다. 좀 더 자세히 이야기하자면, 기온이 떨어지면서 녹색을 띠는 색소인 클로로필(엽록소)이 분해돼 가려져 있던 색소들이 겉으로 표출되게 된다. 주황색인 카로틴, 노란색인 크산토필, 붉은색인 안토시아닌 등이 드러나게 된다. 또한, 참나뭇과나 너도밤나무에는 탄닌 성분 때문에 황갈색을 띠게 된다. 나무마다 색소의 함유량이 달라서 어느 색소가 많이 만들어지느냐에 따라 단풍 색깔이 정해지게 된다.

떨켜? 겨울을 준비하는 나무 가을이 되면 대공원 습지원에도 이쁜 단풍이 서서히 물들기 시작한다. 느티나무와 버드나무, 은행나무는 노랗게, 벚나무와 화살나무는 붉게 단풍이 든다. 가을이 깊어지면 나뭇잎들은 하나둘씩 떨어지기 시작할 것이다. 왜 기온이 떨어지면 이쁜 나뭇잎들은 떨어져야 할까? 나무가 겨울을 준비하는 것이다. 충분한 광합성을 하기 어려운 시기가 되면 줄기와 잎자루 사이에 코르크층을 만들어 영양분이 빠져나가는 것을 막는다. 이것이 떨켜라는 것이다.

나무에서 떨어진 단풍나무잎, 떨어지지 않은 단풍나무잎과 떡갈나무잎

떨켜가 생겨 양분을 받을 수 없는 잎은 색이 변하기 시작한다. 이것을 '단풍이 들었다'라고 하고 엽록소가 분해되면서 70여 가지 다른 색소가 나타나기 시작한다. 대표적인 색이 노란색, 빨간색, 갈색 등이다. 떨켜는 '떨어지다'라는 말에서 '떨'과 '층'을 뜻하는 '켜'가 합쳐진 말이며 다른 말로는 이층(離層)이란 한자어도 있다.

하지만 모두 떨켜가 만들어지는 것은 아니다. 밤나무나 떡갈나무는 떨켜가 만들어지지 않는데 이는 본래 이 나무들이 더운 지방에 살았기 때문에 낙엽을 떨어뜨릴 필요가 없었다는 것이 주된 학설이라고 한다. 이 나무들은 끝까지 나무에 매달려 있다가 강한 겨울바람에 떨어지기 시작하며 봄에 새순이 올라오면 그제야 완전히 자리를 양보하듯 떨어지게 되는 것이다.

소나무도 낙엽이 진다? 소나무는 침엽 상록수이다. 앞에서 이야기했듯 메타세쿼이아나 일본잎갈나무 등은 침엽수 중에서 낙엽이 지는 나무들이다. 그런데 소나무도 낙엽이 진다? 그럼 '상록수가 아니다'라는 것인가? 앞뒤가 맞지 않는 말 같기도 하다.

소나무가 가을이 되면 단풍이 들고 낙엽이 진다는 것이 아니라 잎갈이를 한다는 말이 맞을 것이다. 낙엽 침엽수인 메타세쿼이아나 일본잎갈나무의 잎 수명이 약 6~7개월이라 낙엽활엽수와 같이 잎이 떨어지는 것처럼 보인다. 하지만 다른 침엽수들은 잎의 수명이 길다. 소나무나 잣나무인 경우는 약 2~3년 정도, 주목이나 전나무, 구상나무 등은 약 5년 정도라고 한다. 긴 수명이 끝난 침엽수 나뭇잎들은 하나둘씩 떨어지게 된다. 이 또한 낙엽이라 할 수 있을 것이다. 하지만 긴 수명을 가진 나뭇잎 덕에 겨울에도 푸르른 소나무를 볼 수 있는 것이다.

나무를 지키는 수문장, 수피

사람들은 나무를 볼 때 어디부터 볼까? 아마도 대부분 사람은 꽃일 것이다. 벚나무, 이팝나무, 아까시나무 등의 화려한 꽃에 눈이 먼저 가는 것은 당연한 일이다. 그다음에 나뭇잎을 본다. 바늘잎을 가진 적송, 곰솔, 메타세쿼이아와 넓은 잎을 가진 양버즘나무, 은행나무, 느티나무 등의 잎을 살펴볼 것이다. 나무마다 꽃이나 잎이 다르듯 사람의 피부 역할을 하는 수피(나무껍질)도 나무마다 각양각색이다. 수피가 세로로 갈라지고 굴곡이 있거나 원형과 타원형 등의 여러 가지 모양을 띠고 있다.

나무 피부 수피 수피는 나무줄기의 바깥 조직을 말한다. 나무가 생장하면서 체관부의 바깥 조직이 죽는데, 그 조직과 코르크층을 합쳐 보통 나무껍질(수피)라 한다.

나무줄기 단면, 외수피와 내수피

사람의 피부처럼 수피는 외부의 환경, 또는 공격으로부터 나무를 보호한다. 여름철 더위와 겨울의 추위, 자연재해와 곤충과 바이러스 등의 침

입을 막는 역할을 한다. 수피는 다시 외수피(바깥껍질)와 내수피(안쪽껍질)로 구분한다. 내수피는 나무가 생장하면서 그것에 맞게 신축성을 지닌 수피를 만들고 수명이 다하면 바깥으로 밀려 외수피가 된다. 외수피는 시간이 지남에 따라 조금씩 떨어져 나간다.

각양각색 나무 수피 나무마다 수피의 모양이 다르다. 어떤 나무는 수피에 깊은 균열이 생기면서 가루 모양으로 떨어져 나가는 나무, 작은 조각이 되어 떨어지는 나무, 얼룩무늬를 이루는 나무, 크게 벗겨지는 나무 등 각양각색이다. 그러면 인천대공원 습지원의 나무들은 어떤 모양일까?

다양한 나무의 수피(벚나무, 느티나무, 메타세쿼이아, 산딸나무, 뽕나무)

아름다운 수피 Best 5　어느 신문에서 기사를 읽은 적이 있다. '우리나라 나무 중 아름다운 수피를 가진 나무 5가지를 고른다면?'이란 글이었다. 기사에 따르면 노각나무, 모과나무, 배롱나무, 백송, 육박나무였다. 그중에서 가장 아름다운 나무는 노각나무로 수피가 비단에 수를 놓은 것 같다고 하여 비단나무 또는 금수목(錦繡木)이라는 별칭이 있는 나무이다.

아름다운 수피를 가진 나무들(노각나무, 모과나무, 배롱나무, 육박나무)

나무에 상처가 났어요　나무의 수피가 두껍고 튼튼해도 외부 환경에 의해 상처가 생긴다. 그러면 나무는 어떻게 상처를 치유할까? 사람이나 동물의 경우는 피부에 상처가 나면 상처 부위에서 새살이 재생되면서 상처가 아문다. 그러나 나무의 경우는 다르다. 수피가 벗겨져 노출된 줄기는 사람처럼 새살이 재생되어 아무는 것이 아니라 상처 가장자리의 수피 밑의 형성층에서 유합조직이 자라나 상처를 감싸는 방식이다. 사람처럼

'상처가 아문다'기보다는 '상처를 닫는다'라는 표현이 적절할 듯하다.

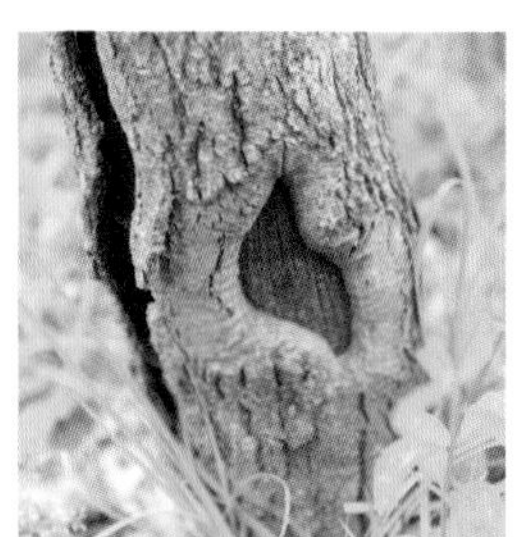

이팝나무, 벚나무의 상처들

나무 수피 탁본 뜨기 활동 아름다운 수피를 좀 더 기억해 보고 싶은 생각이 든다. 나무들의 독특한 문양이라고 해도 될 만큼 수피의 형태가 참 다채롭기만 하다. 간단하게 수피 모양의 본뜨기를 해볼 수가 있는데 준비물로는 종이, 색연필, 탁본한 굵은 줄기의 나무만 있으면 된다.

친구들과 다양한 종류의 나무 수피를 탁본 떠 보고 무슨 나무인지 알아맞히기 놀이를 해 보는 것도 좋을 듯싶다.

탁본하는 방법은 다음처럼 해 보고 103쪽에 학습지가 수록되어 있으니 활용하여 이쁜 수피를 본떠 보길 바란다.

굵은 줄기의 나무와
색연필, 종이 준비

종이를 수피에 올려놓고
손으로 누르기

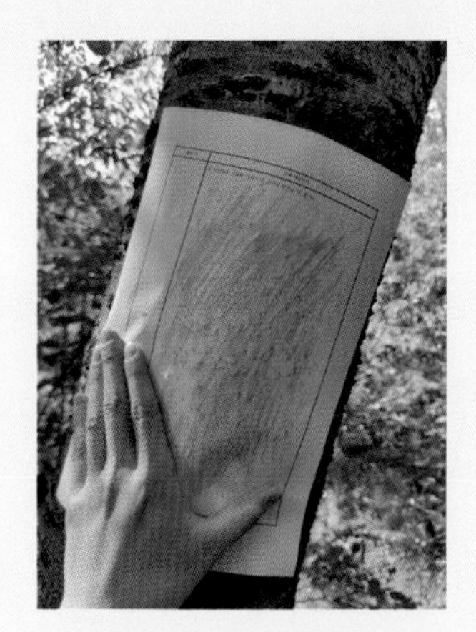

종이의 위를 색연필로 가볍게
좌우로 움직여 탁본 뜨기

나무 이름을 어떻게 지었을까? 정명, 이명

산딸나무는 산에서 자라는 딸기나무에서 이름이 유래되었다고 하고 뽕나무는 뽕나무 열매인 오디를 먹으면 소화가 잘되어 뽕나무라고 한다. 참 딱 맞는 이름이고 재미있기도 하다. 그러면 나무의 이름은 어떤 방식으로 지어졌을까?

나무의 이름은 보통명과 학명으로 나뉘는데 학명은 라틴어나 라틴어화된 이름이다. 보통명은 또다시 정명과 이명으로 나뉘는데 정명은 사람들이 가장 폭넓게 사용하는 표준명이고 이명은 정명 외의 호칭을 말한다.

예를 들면 곰솔은 정명이고 해송, 흑송, 검솔, 숫솔, 완솔은 곰솔을 달리 부르는 이명이다.

나무 이름의 유형 나무 이름에는 나무마다의 의미가 담겨 있다. 나무 전체 또는 부분의 형태, 성질, 잎의 숫자, 느낌, 인간 또는 동물과의 관계, 사는 곳, 다른 나무와 닮은 모양 등으로 나무 이름이 유래되었다. 나무 이름의 유래를 알다 보면 재미와 지식을 다 얻을 수 있다.

첫째, 나무가 살고 있는 곳을 나타내는 말이 들어 있는 나무들이다. 갯이나 물, 두메나 산, 섬이 들어간 나무들이다. 예를 들면 갯버들, 물싸리, 산개나리, 섬단풍 등이 여기에 속한다.

둘째, 참이거나 품질 유무가 들어간 나무로 개, 나도나 너도, 돌이나 새, 참이란 글자가 들어간 나무들이다. 예를 들면 개머루, 나도밤나무, 너도밤나무, 돌배나무, 참꽃나무 등이 있다.

셋째, 나무의 크기나 형태에 따라 각시, 난쟁이, 땅, 애기, 좀, 눈이나 누운, 왕이란 글자가 들어간 나무들이다. 예를 들면 난쟁이버들, 땅비싸리, 눈잣나무, 누운측백, 왕쥐똥나무 등이 있다.

넷째, 나무의 잎이나 줄기의 특성에 따라 이름이 유래되기도 했다. 가는, 가시, 털이 들어간 나무들인데 가는잎벚나무, 가시오갈피, 털오리나무로 잎이 가늘거나 가시와 털이 있는 나무들이다.

마지막으로 나무의 잎, 열매, 꽃 등의 색깔로 나무의 이름이 지어지기도 했다. 기막이나 까막은 검은색, 금 또는 은, 붉이나 주는 붉은색, 백이나 자는 흰색이나 자색이 있는 나무들이다. 예를 들면 가막까치밥나무, 금목서, 은행나무, 주목, 백목련, 자두나무 등이 여기에 속한다.

사람의 이름과 달리 나무는 이름만 들어도 어떤 특징이 있는 나무인지 알 수 있는 나무들이 많다. 대공원 습지원이나 우리 주변의 나무들을 살펴보고 이름이 가지고 있는 특징을 알기만 해도 나무 박사가 될 수 있을 것이다.

나무의 새로운 이름을 지어 볼까? 곰솔처럼 다양한 이명을 가지고 있는 나무들이 많다. 우리 주변의 나무들을 잘 관찰한 후 새로운 이름을 지어 보자. 그리고 새로 지은 이름을 이용하여 나무 이름 알아맞히기 놀이 활동도 재미있을 것이다.

104쪽에 있는 학습지를 이용해 재미있는 나무 이름을 지어 보도록 하자.

나무 수피 탁본 뜨기

학교 학년 이름 :

1. 색연필을 이용하여 나무 탁본을 떠 봅시다.

나무 이름 :

2. 탁본에 드러난 나무 수피의 특징을 적어 봅시다.

나무의 새로운 이름을 지어 주세요.

학교　　학년　　이름 :

1. 나무의 특징을 살려 새로운 이름을 지어 주세요.

나무 이름	내가 지은 이름	새 이름에 대한 설명
은행나무	은구슬나무	은빛구슬처럼 생긴 씨가 있는 나무

2. 친구가 지은 재미있는 나무 이름을 적어 주세요.

MEMO

습지 여행, '동물'을 만나다

인천대공원 남서쪽에 자리한 습지원으로 간다.

습지에 대해 알게 되면 더 많은 것들이 눈에 보이게 된다. 숨을 쉬는 땅, 습지는 비가 오면 빗물을 머금었다가 땅이 메마르면 물을 내뿜어 촉촉한 땅을 유지한다. 습지는 다양한 생물종의 서식지 이상의 역할을 한다. 기후를 조절하고, 수질을 정화하는 역할로 기후위기 시대에 그 중요성이 날로 높아지고 있는 곳이다.

인천대공원은 자전거를 타고 산책하기 좋다.

공원 내 자전거 대여소도 있다. 자전거로 공원을 달리다 보면 관모산과 용등산이 이어지는 산자락 밑, 장수천의 갈래천이 시작되는 곳에 있는 습지원에 닿는다. 가끔 학생들을 대상으로 습지원 생태체험프로그램을 운영하는 선생님들의 수업을 청강할 수 있는 운이 따르기도 한다.

습지에서는 모기에 물리지 않는다.

포식자 사마귀, 습지의 귀한 손님 남생이, 왜가리, 거미, 잠자리, 잉어 등을 관찰하고 학습하는데 사실 아이들보다 어른들이 더 좋아한다. 화면 속에서만 보던 동식물들을 직접 보고 체험하며 자연에 대한 감수성을 키우기에 제격이다. 한여름 우거진 수풀가 나무 사이의 습지탐방로를 거닐었는데도 모기에 물리지 않는다. 습지에 사는 송사리와 사마귀, 잠자리 등이 하루에 수백 마리의 모기를 잡아먹은 덕분이다.

완벽한 생태계의 요람인 습지, 그곳에 사는 동물들을 만나 본다. 인천대공원 습지원, 그곳으로 가벼운 여행을 떠나 보자.

물속에서 사는 동물 이야기

장수물고기 '잉어', 몇 살까지 살까?

"첨벙!" 소리에 연못으로 걸음을 재촉해 본다. 물 위로 힘차게 솟구쳐 올랐다가 다시 물속으로 들어간 잉어는 가까이에서 보지 않으면 잘 보이지 않는다. 몸이 물속과 비슷한 황갈색이다. 보통 30~40㎝가 넘는 크기의 잉어가 떼지어 다니는 모습에 지나가는 사람들은 발길을 멈추고 시선을 고정한다. 잉어는 매우 잘 알려진 민물고기로 잉어를 모르는 사람은 없다. 아주 지저분한, 소위 말하는 3급수에서도 살아 견디는 생명력이 아주 질긴 이유 때문인지 예부터 장수물고기의 상징으로 꼽힌다.

- 2급수 또는 3급수의 강이나 연못에서 서식함
- 작은 물고기, 지렁이, 조개류, 갑각류, 물풀까지 섭렵하는 잡식성 어류
- 붕어와 비슷하나 몸이 좀 더 길쭉하고 홀쭉하며, 턱에 두 쌍의 수염이 있음. 붕어와의 구분은 주로 이 수염으로 함
- 3급수에서도 살 수 있는 강인한 체력과 생명력이 특징임

최장수 잉어의 나이 평균적으로 보면 몸집이 작은 물고기에 비해 큰 물고기의 수명이 더 길다. 송사리, 은어, 방어 등 작은 물고기는 1년 남짓 산다. 고등어나 연어는 5~6년 정도, 좀 더 큰 대구와 방어는 10년 이상, 상어류는 30년 이상을 산다. 그럼, 잉어는 몇 살까지 살까? 어종이나 환경조건에 따라 차이가 있긴 하지만 야생에 자생하는 잉어는 40년 정도 살고, 양식을 하는 잉어는 100년 이상을 산 기록도 있다.

잉어의 나이는 ○○을 보면 알 수 있다 나무에 나이테가 있는 것처럼 잉어의 비늘에도 나이테가 있다. 비늘에 동그란 무늬의 성장선을 현미경으로 관찰하여 나이를 헤아려 본다. 나무의 나이테와 같이 물고기의 나이테도 계절에 따라 폭이 달라진다. 먹이가 풍부한 봄과 여름의 테는 넓고, 먹이가 부족한 가을과 겨울의 테는 간격이 좁다. 잉어는 비늘에 자기 나이를 품고 있다.

기원전부터 잉어를 양식했다 사람들은 언제부터 잉어를 먹기 시작했을까? 예부터 잉어는 여러 음식을 만드는 데 쓰였기 때문에 역사가 대단히 길다. 생존력이 매우 뛰어나서 오염된 물에서도 잘 살고, 먹이가 없는 추운 겨울에도 휴면 상태로 지내다가 봄이 되면 다시 활기차게 활동할 정도로 변화하는 환경에 적응도 잘한다. 그러한 이유 때문이지 놀랍게도 잉어는 기원전 약 500년 무렵부터 양식을 했다고 한다.

잉어

모기 잡는 물고기, '송사리'

기후변화의 영향으로 여름뿐 아니라 겨울에도 모기가 극성이다. 초겨울 낮 기온이 15도씨 이상으로 모기 발생에 적합한 기후가 되었다. 고인 물이 있는 장소는 특히 모기가 많이 발생하는 장소인데 습지원 탐방로를 거닐 때는 신기하게 모기에 물리지 않는다. 모기 발생 억제는 화학약품 사용이 아닌 생태계 유지 관리를 통한 자연의 순리이다. 습지에 사는 작은 동물들이 모기의 유충인 장구벌레와 모기를 열심히 잡아먹고 있다.

모기 애벌레 장구벌레의 천적 동물성 플랑크톤과 유기물, 작은 곤충 등을 먹고사는 송사리가 이곳 습지에 산다. 송사리는 모기의 애벌레인 장구벌레가 주식이기에 생태적 모기 구제용으로 방생되는 경우가 많다. 하루에 장구벌레 150마리까지도 포식할 수 있다고 한다. 미꾸라지와 금붕어 등 다른 작은 물고기들도 장구벌레를 잡아먹지만 체중 대비 포식량은 송사리가 으뜸이다. 보통 몸길이는 4㎝ 내외로 작은 편이고, 내부 조직이 보일 정도로 반투명한 몸에 눈길이 간다. 수명은 보통 1~2년 정도이지만, 좋은 환경에서는 3~5년까지도 살 수 있다.

우주여행을 떠나는 송사리 속담에 '잉어 숭어가 오니까 물고기라고 송사리도 온다'는 말을 들어 본 적이 있다. 예전부터 송사리는 아주 하찮고 필요 없는 존재로 여겼던 듯하다. 그럼에도 불구하고 송사리는 인간과 DNA가 60% 이상 동일하고 번식능력이 뛰어나 우주여행을 가장 많이 떠나는 동물 중 하나라는 사실을 알고 있는가? 놀랍게도 척추동물 중 우주

에서 처음으로 번식에 성공한 종이 바로 송사리이다.

- 동갈치목 송사릿과에 속함
- 수심이 얕고 물이 잔잔한 연못, 농수로, 하천, 호수 등에 서식
- 장구벌레, 플랑크톤 등을 먹는 잡식성
- 몸길이 4㎝ 내외, 몸에 비해 비교적 큰 눈을 가짐
- 짧은 수명과 뛰어난 번식력 덕분에 모델 생물로 주로 쓰임

송사리

소리를 내는 물고기, '동자개'

'빠각빠각' 소리를 들어 보려고 습지에 귀를 기울여 본다. 유심히 습지 안을 들여다보지만 좀처럼 그 모습을 드러내지 않는다. '빠각빠각' 소리를 낸다고 해서 '빠가사리', 지느러미 끝에 있는 가시로 쏜다고 '쐬기'라고도 불리는 이 물고기의 표준 이름은 '동자개'이다. 물살이 느리고 모래나 진흙, 자갈이 깔려 있는 곳에 살며 따뜻하고 탁한 물을 좋아해서 이곳 습

지에도 서식한다. 낮에는 돌 밑이나 바위틈에 숨어 있다가 밤에 활동하는 동자개의 '빠각빠각' 우는 소리를 들으려면 밤에 다시 와야겠다.

왜 '빠가사리'일까? 빠가사리는 '빠가'와 '사리'가 합쳐져 형성된 단어이다. '빠가'는 빠가사리가 가슴지느러미를 마찰시킬 때 나는 소리이다. '사리'는 원래 새끼 물고기를 지칭하는 접미어였는데 오늘날은 물고기 성체를 지칭하기도 한다. 빠가사리에 얽힌 재미있는 이야기가 있다. 일제강점기에 민물고기 낚시를 하던 일본인이 동자개를 잡았는데 동자개가 내는 '빠각빠각' 소리에 일본인은 동자개가 자신에게 욕을 하는 줄 알고 깜짝 놀라 물고기를 버리고 도망쳤다고 한다. 이 모습을 본 조선인들은 그 후로 동자개를 '빠가사리'라고 불렀다고 한다.

- 메기목 동자갯과, 몸길이 25㎝ 정도의 민물고기
- 가슴지느러미에 톱니가 달린 날카롭고 단단한 가시가 있음
- 밤에 먹이를 찾아 활동하는 야행성
- 물 흐름이 느린 호수의 모래, 진흙 바닥 근처에 서식
- 토종 꼬치동자개는 멸종위기종 1급으로 지정

동자개

물과 땅을 오가며 사는 동물, 그리고 삶 이야기

'청개구리', 숨겨진 비밀을 밝히다

습지원에 퍼지는 개구리 울음소리가 예사롭지 않다. 청개구리는 어른 엄지손가락 한 마디만큼 작지만 울음소리는 개구리류 가운데 가장 크다. 청개구리가 '꽥꽥꽥' 큰 소리로 울면 며칠 내로 어지없이 비가 올 확률이 70% 정도라는 통계가 있다. 하늘을 향해 고개를 넘겨보니 하늘이 진짜 비가 오려는 듯 흐리다.

전해 오는 청개구리 아들과 엄마 이야기를 떠올려 본다. 부모의 말을 안 듣거나 늘 반대로만 하는 사람을 상징하는 생물이 되어 버린 비운의 '청개구리', 그렇다면 청개구리는 정말 거꾸로 행동할까? 청개구리의 숨겨진 비밀을 파헤쳐 보자.

비밀 하나, 보호색 낯선 얼룩무늬 청개구리? 내가 알던 청개구리가 아니다. 청개구리가 아닌 듯싶지만 청개구리이다. 바로 보호색 때문이다. 주변 환경에 따라 몸 색깔을 바꾼다. 물론 카멜레온처럼 획획 변하는 것은 아니고, 시간을 두고 주변 환경과 계절에 맞춰 보호색이 발현된다. 청개구리나 동물의 보호색에서 시작된 스텔스 기술은 전투복, 위장망, 전투기 및 폭격기 등의 개발에 유용하게 쓰이고 있다. 근래 기후변화와 서식의 파괴로 개체군과 개체수가 감소 추세이고, 이 특별한 보호색 때문에 청개구리를 풀숲에서 만나기가 쉽지 않다. 청개구리의 비밀 하나, 완벽한 보호색 스텔스 기술이다.

비밀 둘, 발가락 흡반 Tree Frog는 청개구리의 영어 이름이다. 산속이나 풀숲 등 나무 주변에서 사는 청개구리의 특성 때문에 지어진 이름이다. 짝짓기를 하거나 알을 낳을 때만 물가로 내려온다. 이러한 서식 환경에 따라 청개구리는 다른 개구리들은 없는 큰 흡반이 발가락 끝에 있다. 이 흡반은 덩굴식물의 흡착근 및 생김새와 기능이 비슷하여 청개구리를 직벽타기의 선수로 만들어 준다. 유리뿐 아니라 돌, 나무 등 재질을 가리지 않고 다 붙어 버린다. 미션 파서블 착!

비밀 셋, 개구리 독(?) 싱그러운 색감과 아담한 사이즈의 청개구리, 그 귀여움에 손바닥에 한번 올려 보고 싶은 충동이 일지만, 사람의 손길이 청개구리에게 얼마나 큰 위협일까 싶어 마음을 거둔다. 혹시라도 청개구리를 만졌다면 만진 뒤에는 반드시 손을 잘 씻어야 한다. 청개구리 피부에는 소량의 유사 신경독(Anntoxin)이 있다. 이 신경독이 묻은 손으로 눈을 비비게 되면 경우에 따라 실명의 위험도 따르기에 주의를 기울여야 한다. 자연에서 만나는 동식물은 포식자로부터의 방어를 위해 나름대로의 방법을 갖는다. 육상과 수상 서식지를 자주 오가며 포식자로부터 쉽게 몸을 숨기는 대부분의 양서류와는 달리, 수목에서 서식하는 작은 몸집의 청개구리는 포식자로부터 자유로울 수 없다. 그래서 청개구리의 독은 사실 포식자에 대한 방어 방법이다.

〈수원청개구리〉

· 상대적으로 저음인 울음소리로 일반 청개구리와 구별됨
· 멸종위기 야생동물 1급, 세계자연보전연맹 위기종으로 지정됨
· 수원에서 처음 발견되었지만 현재는 수원에서 보기 어려움
· 경기, 강원, 충남 일부 지역 등에서 매우 적은 개체 서식함
· 네 다리의 발가락 끝에는 흡반이 발달됨
· 몸 분비물에 독성이 있어 만지게 되면 반드시 손을 씻어야 함

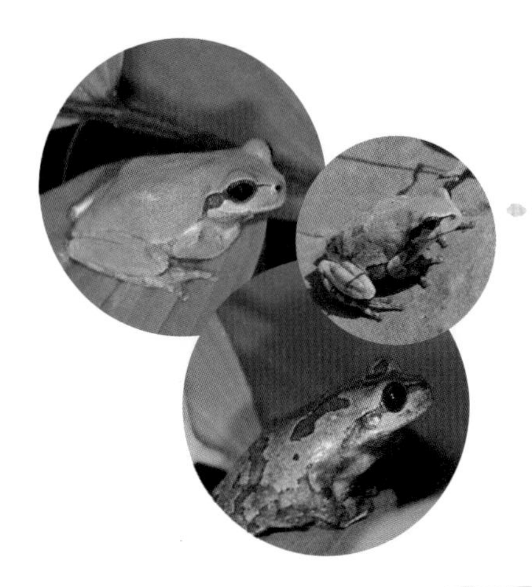

우리 역사 속 토종 거북, '남생이'

습지에서 기분 좋은 만남이 이어진다. 예로부터 '거북'은 십장생(十長生)의 하나로 장수를 상징해 왔다. 용·봉황과 함께 상서로운 동물로 인식돼 모두에게 사랑받아 왔던 남생이를 이곳 습지 풀숲에서 만나게 될 줄이야….

우리나라에서 살아온 민물 거북은 남생이와 자라 단 두 종이다. 토종 거북 남생이는 호수, 하천, 늪, 연못, 논 등지의 민물에서 자생한다. '남생이 줄서듯 한다'는 속담도 있을 정도로 예전에는 주변에서 쉽게 볼 수 있는 친근한 동물이었다.

> '거북아 거북아
> 머리를 내어라
> 내어놓지 않으면
> 구워서 먹으리'
>
> 삼국유사 중 〈구지가〉[1]

중·고등학교 국어시간에 배운 〈구지가〉가 떠오른다. 여기에 등장하는 주인공 거북이 바로 오랜 시간 우리 역사와 함께한 '남생이'이다.

1) 구지가, 한국민족문화대백과사전

전래동화 〈별주부전〉에도 거북이 등장한다. 용왕의 병을 낫게 하기 위해 토끼의 간을 구하려고 바다와 육지를 오가는 거북의 정체는 바로 '자라'이다.

이쯤 되면 남생이와 자라가 헷갈리기 시작한다. 둘 다 파충류 무리에 속하지만, 남생이는 육지와 물속을 오가는 반수서성(半水棲性)이다. 그래서 운이 좋으면 이곳 습지 주변 풀숲을 거닐며 일광욕 나온 남생이를 만날 수 있다. 반면 자라는 수중생활을 한다. 닮은 듯 다른 토종 거북, 자라와 남생이 구별법부터 알아보자.

남생이일까? 자라일까? 자라와 남생이는 똑같은 담수거북이과에 속하고 비슷한 생김새를 가졌기 때문에 헷갈리기 쉽다. 다음 사진은 남생이일까? 자라일까?

남생이

· 파충강 거북목 남생잇과에 속하는 담수거북임
· 누런 갈색의 딱딱한 등갑에 크고 명확한 3개의 융기선이 있음
· 머리부터 목덜미까지 연한 녹색의 세로줄무늬가 불규칙하게 있음
· 최대 길이는 30㎝ 정도, 수컷보다 암컷의 크기가 큼
· 주로 주행성으로 일광욕을 즐기고, 잡식성, 겨울잠을 잠
· 천연기념물, 멸종위기 야생생물 2급으로 지정함

제주도를 제외하고 우리나라 전역의 강이나 하천, 연못 및 늪 등 습지에서 서식한다. 습지에서 사는 양서류, 민물고기, 갑각류 등 편식하지 않고 골고루 잘 먹는다. 추운 겨울에는 겨울잠을 자고 따뜻해지면 다시 활동을 시작한다. 5월부터 알을 낳기 시작하는데 1~3회에 걸쳐 11개까지 알을 낳을 수 있다. 특이한 점은 알 부화 시 새끼의 성별이 당시 기온에 의해 결정된다는 점이다. 보통 32°C를 기준으로 해서 이보다 높으면 암컷으로 부화되고, 낮으면 수컷으로 부화되는 경향을 보인다. 기후변화가 수컷의 자연 부화율을 감소시켜 남생이 개체군 감소에까지 영향을 미치고 있다.

자라

- 파충강 거북목 자랏과 속하는 담수거북임
- 짙은 갈색의 납작한 등갑, 등갑이 연한 것이 특징임
- 목이 길고, 주둥이가 돌출됨. 물갈퀴가 발달됨
- 주로 야행성, 알 낳을 때만 빼고 물속에서 지냄. 겨울잠을 잠
- 물가의 흙에 구멍을 파고 산란, 밑바닥이 개흙으로 된 연못, 하천에 서식함
- 포획금지 및 이를 식용하는 자는 처벌 대상이 되는 야생동물로 지정됨

자라의 머리는 크고 길며, 다른 민물거북과 달리 등갑이 연하다. 유연성 있는 등갑 덕분에 머리와 긴 목을 등갑 속에 완전히 집어넣을 수 있다. 알 낳을 때만 제외하고 수중생활을 하기 때문에 발가락 사이에 남생이보다 물갈퀴가 잘 발달되어 있고 수영을 잘한다.

느림의 미학, 토종 거북이 사라진다 남생이는 느림의 아이콘 거북답게 성질이 온순한 편이다. 생명력도 강해 길게는 100년까지 살기도 한다. 하지만 최근에는 개발에 의한 하천 구조 변화, 산란 장소의 훼손, 한약재로의 사용, 번식력 강한 외래종 붉은귀거북의 유입 등의 원인으로 개체수가 급감하여 문화재청 천연기념물 제453호 및 환경부가 지정한 멸종위기종 2급으로 보호받고 있다. 자라는 그릇된 보신 문화의 영향으로 약재의 원료 및 음식으로 사용되면서 불법포획이 늘어 개체수가 급감하였다. 또한 서식지 개발 등으로 환경이 변하고 산란 장소의 모래와 자갈 채취 등으로 위기에 처해 있다. 현재 포획 및 자라를 식용으로 먹는 것은 엄연한 불법이다.

우리 토종 거북은 생태계의 균형을 유지하는 중책을 맡고 있다. 이들이

대자연을 지키는 소임을 다할 수 있도록 이들을 보호하는 것은 바로 우리의 몫이다.

구분	남생이	자라
등갑	누런 갈색의 딱딱한 등갑 등갑 위에 크고 명확한 3개의 융기선 발달	짙은 갈색 납작하고 연한 등갑
외형	머리와 목덜미 사이에 연녹색 불규칙한 세로 줄무늬	목이 길고, 돌출된 주둥이 발가락 사이 물갈퀴 발달
번식	짝짓기 5월 산란 6~8월	짝짓기 10~11월 산란 6~7월

고양이인 듯 고양이 아닌 '삵'

해가 지고 인적이 드물어지는 시간, 대공원 안에 갑자기 야생동물구조대 차량이 들어서고 구조대원들이 발 빠르게 움직인다. 대공원에 '삵'이 출현했다는 신고가 있었다. 날쌘 사냥꾼 '삵'은 이미 그 모습을 감추었으니 '삵'의 출현을 확인할 길이 없다. '야생고양이'로 갈음하고 구조대 출동은 마무리되었다. 그럴 만한 것이 삵은 현재 멸종위기 야생동물 2급이다. 삵을 만나기가 쉽지 않다. 고양이처럼 귀엽게 보이지만 육지 위 동물들 중에서 최상의 포식자이다. 주로 산림지대에서 야생하고 먹잇감이 풍부한 동네 근처에 살기도 한다. 그러니 대공원 습지 주변에 출현할 가능성이 있기도 하다. 언제 마주할지 모르는 삵에 대해 알아보자.

삵

· 식육목 고양잇과에 속하는 포유류임
· 생김새는 고양이와 유사하나 좀 더 크며, 모피에 반점이 많음
· 설치류, 조류 등을 사냥하는 기회적 포식자임
· 숲이나 들 이외에도 민가 주변의 먹이를 구하기 쉬운 곳 등에 서식함
· 멸종위기 야생동물 2급으로 지정됨

어쩌다 멸종위기종이 되었을까? 예전에 인터넷에 "고양이인 줄 알고 키웠더니…" 야생성을 숨기지 못하는 삵이었다[2]는 글을 보고 놀란 적이 있다. 왠지 모르게 친숙한 모습 때문에 우리는 삵을 꽤나 흔한 야생동물로 착각한다. 민가의 닭이나 오리 등 가금류를 습격하여 피해를 주는 동물로 알고 있지만 삵은 보호 대상인 멸종위기종이다. 1960년대까지만 해도 걱정 없었던 삵의 개체수는 1970년대 시작된 쥐잡기 운동에서 뿌린 쥐약의 2차 피해로 개체수가 급격히 감소되었다. 최근에 생물종 다양성

2) 김라현, "고양이인 줄 알고 키웠는데 살쾡이? 황당!", 웰페어뉴스, 2011. 10. 25. (http://www.welfarenews.net)

보존에 대한 이목의 증가로 개체군 밀도가 높아지고 있긴 하지만 서식지 파괴로 인한 로드킬 및 밀렵 등의 또 다른 피해가 늘고 있어 환경부 지정 멸종위기 야생동물 2급으로 보호되고 있다.

위-삵/아래-고양이

생물종다양성이 중요한 이유 해칠까 봐 무섭고, 피해만 준다고 인식되던 최상위 포식자 삵의 멸종 소식을 반가워해서는 안 되는 중요한 이유가 있다. 삵의 배설물을 통하여 토종 생태계 교란을 야기하는 외래야생

종 뉴트리아를 삵이 포식한다는 사실이 알려졌다. 그리고 먹이사슬을 통해 뉴트리아의 천적 연구가 진행되었다. 이것이 바로 삵이 자유롭게 살 수 있도록 그대로의 서식지를 지켜 주고, 멸종에 이르지 않도록 세심한 보호가 필요한 까닭이다. 또한 생태계 균형과 유지를 위해서는 다양한 생물종이 함께 살아가야 하는 중요한 이유이기도 하다.

멸종위기에 처한 삵

지구 생존을 위한 큰 일꾼, 곤충 이야기

3억 2천 만 년 전부터 '잠자리'가 살았다

뚝뚝 빗방울이 떨어진다. 습지 풀가에 검은 물잠자리 한 마리가 앉아 있다. 몸은 온통 검은 색, 늘씬한 몸매에 흡사 나비 같은 커다란 날개가 돋보인다. 조금 가까이 다가서니 금방 날아가 버린다. 빗방울이 떨어지니 다들 수풀 속에 앉아 있다. 이름 그대로 물잠자리라 비도 무서워하지 않을 것 같은데 그렇지 않나 보다. 여름과 가을에 흔히 볼 수 있는 잠자리는 3억 2천만 년 전 조상의 모습을 그대로 간직하고 있는 곤충이다. 몸집은 작아졌지만 긴 세월 동안 그 형태는 변하지 않았다. 놀라운 생존 능력, 해충을 잡아먹는 착한 곤충, 잠자리를 알아보자.

나비인 듯 물잠자리 잠자리목 물잠자릿과의 곤충이다. 우리가 흔히 보는 여름철 큰밀잠자리, 가을까지 활동하는 고추잠자리와는 사뭇 다른 모습이라 친근감이 느껴지지는 않는다. 물잠자리는 한반도 전역에서 볼 수 있고, 중국, 일본 등지에도 분포한다. 개울가나 습지 등에서 활동을 하기에 물잠자리라는 이름으로 불린 듯싶다. 날개를 접지 못하는 대부분의 잠자리와는 달리 나비처럼 날개를 곧게 세우고 앉는 특성이 있으며 날아다닐 때도 나비처럼 날개를 펄럭거리며 날아다니는 등 특이한 외형과 비행방식을 가지고 있다.

후진 비행도 가능, 실잠자리 앗! 날아가는 작은 파리가 순식간에 잠자리에게 추격당해 포획되고 만다. 잠자리는 이 뛰어난 비행 능력 덕분에 살아 있는 생물을 포식하는 나름 포식자로 분류된다. 이런 놀라운 비행 능력 때문에 잠자리가 3억 년이 넘는 시간을 넘기고도 생존할 수 있었던 게 아닐까 싶다. 후진 비행까지 가능한 잠자리가 있다. 실잠자리를 알아보자.

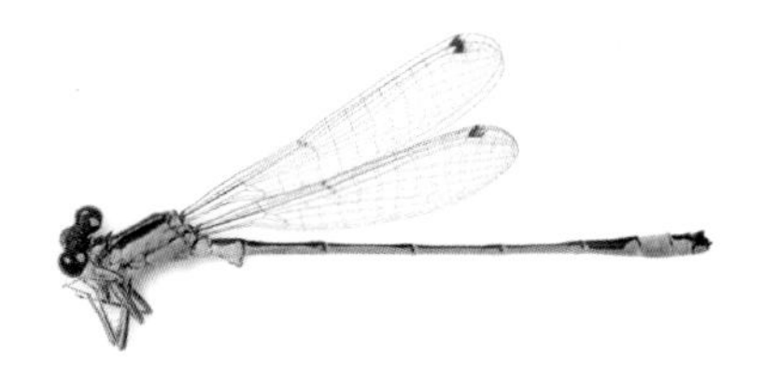

실잠자리의 몸길이는 5㎝ 내외로 다른 잠자리에 비해 몸의 크기가 상대적으로 작은 편이다. 그 때문인지 속도 또한 느린 편이라 먼 거리 비행은 하지 않으며, 비행 시 소리도 거의 내지 않는다. 잠자리 중 약한 편이고 천적이 많지만 다른 잠자리가 하지 못하는 후진 비행 능력을 갖고 있다. 공중에서 먹이를 추격한 잠자리는 다리를 이용해 먹이를 감싸 포획한다. 반면 비행 속도가 느린 실잠자리는 먹잇감이 비행을 잠시 멈추고 풀잎에 앉았을 때 턱을 이용해 사냥을 한다. 실잠자리가 활동하는 장소는 대부분 풀이 빽빽한 좁은 공간이어서 먹이 사냥 시 몸을 움직여 회전할 공간이 부족하다. 이때 실잠자리는 후진 비행을 한다. 날개 각도만 조절해 후진 비행으로 빠져나온다.

습지원에 나타난 헬리콥터, '왕잠자리'

봄의 중반으로 치닫는 5월경이면 커다란 몸집과 아름다운 색깔을 가진 왕잠자리가 곧잘 눈에 보인다. 몸길이 8㎝에 달하는 커다란 몸집 때문에 왕잠자리라는 이름이 붙여진 것 같다. 이름에 걸맞게 날갯짓할 때 나는 소리도 예사롭지 않다. 풀밭 위에 헬리콥터가 뜬 것 같다. 잠자리채를 든 아이들이 습지원 공중비행 중인 왕잠자리를 쫓는 모습이 흡사 숨바꼭질을 하고 있는 듯하다. 왕잠자리를 알아보자.

왕잠자리가 습지를 떠날 수 없는 이유 왕잠자리는 애벌레 시기는 물속에서 생활하고 성충이 되어야 육상을 비행하는 반수서곤충이다. 물속에서 부화된 애벌레(수채)는 작은 곤충이나 절지동물, 작은 물고기까지 잡아먹는 포식성 곤충으로 살아간다. 특히 모기의 애벌레인 장구벌레 등을 먹어치워 익충으로 분류된다. 왕잠자리 애벌레는 물속에서 먹이 사냥을 통해 클 수 있는 최대의 크기로 성장한다. 이렇듯 물속에서 성장이 거의 끝나기에 습지를 떠날 수 없는 곤충이다. 애벌레 상태로 겨울잠을 자

고 이듬해 봄에 수초나 나뭇가지 같은 구조물을 타고 기어올라 허물을 벗고 성충이 되어 하늘을 날기 시작한다.

영화 에일리언의 실제 모델 왕잠자리 애벌레(수채)는 구강구조가 다소 특이해서 사냥법 또한 남다르다. 일단 먹잇감이 발견되면 일정한 거리를 두고 탐색하다가 결정적인 순간에 아래턱이 도마뱀의 긴 혓바닥처럼 앞으로 튀어나가 먹이를 채시 물고 온다. 마치 입속에 또 다른 입이 있는 모습이다. 영화 속 괴물캐릭터 에일리언도 먹이를 먹을 때 입을 벌린 후 또 하나의 입이 입속에서 길게 나와서 먹이를 물고 가는 모습과 오버랩되는 장면이다. 에일리언의 실제 모델이 왕잠자리 애벌레가 아닐까?

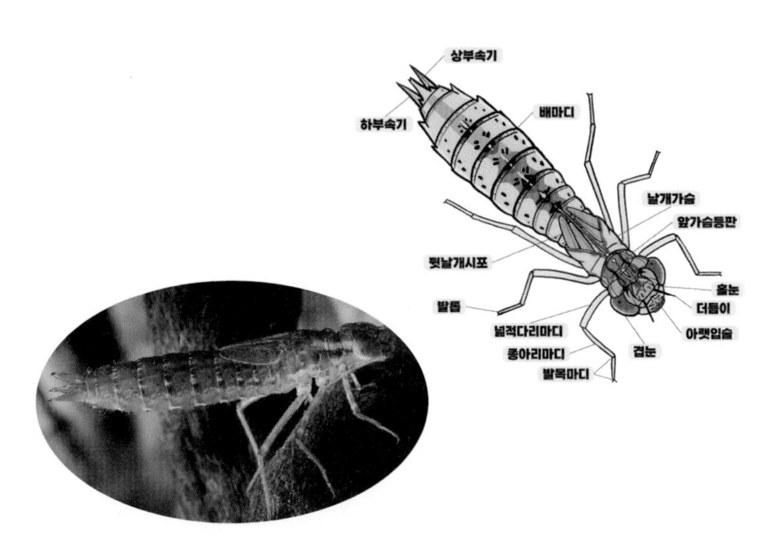

왕잠자리 애벌레-수채

기도하는 사제, '사마귀'

앞다리를 모아들고 있는 사마귀 전매특허 모습이 영락없이 기도하는 모습처럼 보였나 보다. 사마귀의 영어권 이름이 바로 기도하는 사제(praying mantis)가 된 까닭이다. 그런데 기도하는 사제라는 평화로운 이름이 주는 이미지와는 다르게 사마귀는 화가 났거나 사냥하기 직전, 상대를 공격하거나 자기를 과시할 때 이런 자세를 취한다.

사마귀는 얼마나 오래 살까? 우리나라처럼 사계절이 뚜렷한 지역에 자생하는 사마귀는 태어나는 순간부터 죽을 때까지 평균 7~8개월을 산다. 풀벌레 중에서는 수명이 긴 편에 속한다. 사마귀의 월별 생태를 알아보자.

- [1~3월] 알로 월동하는 기간, 기후변화로 부화 시기가 빨라져 3월에도 부화를 시작함
- [4~5월] 서서히 활동을 시작, 사마귀 약충은 매우 작고 약해서 많은 수가 잡아먹힘
- [6~7월] 먹이를 잘 먹은 개체들은 빠르게 성장하여 성충이 됨. 이 시기 사마귀의 성장 속도와 몸의 크기는 천차만별임
- [8~9월] 성충이 되어 활보, 온갖 벌레들을 닥치는 대로 먹어 치움. 짝짓기가 끝나면 수컷들은 암컷에게 잡아먹힘
- [10월] 임신한 암컷은 먹성이 폭발적으로 증가하여 동족뿐 아니라 먹잇감이 될 만한 존재들을 닥치는 대로 공격함. 짝짓기 후 3주 정도가 지나면 산란
- [11~12월] 산란 후 수명이 끝남. 바퀴벌레의 친척답게 생명력이 강해 풀숲에서 꿋꿋이 버티는 개체도 가끔 보임

사마귀의 사촌, 바퀴벌레 겉모습이 전혀 다른 이 두 곤충은 무슨 관계일까? 사마귀는 '사마귀목'으로 바퀴벌레와는 전혀 상관없는 곤충으로 분류되어 있었다. 그런데 알고 보니 사마귀와 바퀴벌레가 분자생물학적으로 매우 유사하다고 한다. 이를 반영해 2010년 국립생물자원관은 '한국곤충총목록'에 사마귀와 바퀴벌레를 한 목으로 변경 기재했다. 흰개미 역시 바퀴목으로 합쳐졌다. 결론은 사람도 그렇지만 곤충도 겉모습만 보고 판단해서는 안 될 일이다.

위기에 빠진 '벌', Save the bees!

자연 깊은 곳에서 꽃가루받이로서 생태계를 유지하는 꿀벌은 우리에게 친숙한 곤충 중 하나이다. 꿀벌 외에도 전 세계에는 무려 2만여 종의 벌이 존재한다. 하지만 기후변화 및 서식지 파괴 등 다양한 원인으로 벌의 종류는 계속 줄어드는 추세이고 자연스레 멸종을 걱정할 수밖에 없는 상황이다. '꿀벌이 사라지면 인류도 4년 내 멸망한다[3]'고 경고한 아인슈타인의 말을 가볍게 넘길 수 없는 때이다. 대부분의 농작물이 수분(꽃가루받이)을 통해 생산되는 만큼 꿀벌의 멸종은 인류에게 보내는 심각한 위험 신호를 의미한다. 벌에 대한 새로운 관심과 이들을 지키기 위한 노력이 그 어느 때보다 시급하다.

멸종위기 토종 꿀벌 재래 꿀벌인 우리나라 토종벌은 원래 인도가 고향이다. 고려시대 즈음 우리나라에 들어온 것으로 알려져 있다. 현재 우리나라 양봉의 90% 이상은 서양벌이다. 서양벌과 토종 꿀벌은 생김새가 비슷해서 동일한 종처럼 보이지만 서로 다른 종이다. 토종벌은 서양벌에 비해 꿀 생산성이 조금 떨어지지만, 낮은 온도에도 잘 버티고, 천적인 장수말벌에 대한 방어도 비교적 훌륭한 편이다. 하지만 10여 년 전, 꿀벌 유충에 발생하는 바이러스 전염병인 낭충봉아부패병으로 90% 이상이 폐사하여 멸종위기에 있다.

3) 시사위크, [멸종저항보고서 ③], 꿀벌이 사라지면 인간도 사라진다, 한국인터넷신문협회, 2020. 11. 16. (https://kina.or.kr)

꿀벌

꿀벌보다 더 뛰어난 화분 매개 능력, 뒤영벌 꽃가루 수정에 탁월한 능력을 발휘하는 화분 매개 곤충의 대표주자이다. 꿀벌에 비해 생소한 뒤영벌은 둥그스름한 몸에 덥수룩한 털로 둘러싸인 대형 꽃벌이다. 꿀벌보다 활동적이고 몸집이 큰 뒤영벌은 토마토, 가지 등의 가짓과 작물 수정에 효과가 커서 꿀벌 다음으로 농가에 많은 도움을 주고 있는 벌이다. 기후변화라는 피할 수 없는 위기가 뒤영벌의 개체수도 현저히 감소시키고 있다. 우리나라에서는 2017년 참호박뒤영벌을 멸종위기 야생생물 2급으로 지정, 미국 캘리포니아에서도 멸종위기종으로 지정하여 보호하고 있다.

땅속에 사는 말벌과의 벌, 땅벌 강원도에서는 '땡벌', 경상도에서는 '땡삐'라 불리는 벌, 바로 땅벌이다. 땅벌은 일반 벌과 달리 땅 속에 집을 짓고 산다. 해가 잘 들고 습하지 않으며 풀뿌리가 빽빽한 땅속을 좋아하는데 이는 한국 고유의 묫자리와 정확하게 일치한다. 그래서 해마다 벌초를 하다가 땅벌에 쏘이는 사고가 많이 발생하는 것 같다. 작고 노란 땅벌은 가끔 양분을 구하러 쓰레기통 주변에 모여들기도 한다. 땅벌은 외부의 위협에 대해 즉응성을 강화시키는 방향으로 진화하여 집이 건드려지는 즉시 군체 전원이 밖으로 출동하여 눈에 보이는 대로 뭐든 독침을 쏜다. 또한 육식을 할 정도로 턱이 발달되어 물어뜯을 수도 있다. 땅벌의 생태는 말벌과 비슷하나 개체 하나하나가 작은 편이라 장수말벌의 먹잇감이 된다.

야생벌의 실종, 이대로 괜찮을까? 야생벌들은 나름의 방식으로 생태계 순환에 필요한 중추적인 역할을 한다. 수분을 책임지고, 그 덕분에 꽃이 피고 열매를 맺고 우리가 먹을 식량이 만들어 진다. 벌은 인류 생태계 유지를 위해 그리고 인류 생존을 위해 반드시 필요한 존재이다. 그런데 벌들이 사라지고 있다. 기후변화로 서식지의 잦은 이동을 피할 수 없고, 겨울철 일시적인 이상고온으로 겨울잠에서 깨어나는 시기가 앞당겨졌다가 얼어죽는 벌들도 많다. 생태계의 붕괴를 초래할 수 있는 벌의 실종, 우리는 이렇게 느슨하게 지켜보고만 있어도 괜찮을까?

그동안 몰랐던 놀라운 새 이야기

'왜가리', 겉 다르고 속 다르다?

장수천과 습지원을 거닐다가 운 좋게 왜가리를 만났다. 큰 날개를 유유히 펄럭이며 물가에 내려앉는 왜가리는 사계절 내내 변함없이 사람들을 맞아주는 인천대공원의 터줏대감이다. 원래는 여름 철새였는데 기후변화로 최근 월동하는 개체군이 점차 증가하여 텃새가 되고 있다. 흰색 바탕에 회색 물감을 섞은 듯 고상한 몸 빛깔, S자형으로 날렵하게 구부러진 긴 목, 곧게 뻗은 다리로 사뿐사뿐 걷는 걸음걸이, 우아한 날갯짓 덕분에 공원을 찾은 사람들에게 단연 인기 최고다.

백로과 조류 중 가장 몸집이 큰 왜가리는 천적이 별로 없다. 그래서 앞이 트인 나무 위 가장 높은 곳에 둥지를 튼다. 그런데 이 맵시 좋은 멋쟁이 새, 왜가리! 그 우아한 자태와는 달리 무서울 정도의 강인함을 가지고 있다는데… 우리나라에 서식하는 조류계의 최강자인 매나 독수리 같은 맹금류와 견줘도 손색이 없을 정도로 무섭고 강한 새라는 사실, 지금부터 알아보자.

- 황새목 백로과에 속하는 조류
- 원래는 철새였는데 기후변화와 강한 적응력 덕분에 현재는 텃새가 됨
- 성체가 되면 5~15년 정도 살고 가장 오래 산 왜가리는 23년을 삼
- 하천의 최상위 포식자로 먹성이 좋아 뭐든 잘 먹는 편임
- 우는 소리가 '으악으악' 하는 것처럼 들려 으악새라고 불리기도 함
- 몸통이 회색을 띠므로 재두루미와 혼동되기도 함
- 왜가리는 여름철새, 재두루미는 겨울철새

통념을 깨는 왜가리의 식단 왜가리는 피라미나 붕어 등 하천에 많이 사는 민물고기, 개구리 등을 주로 먹는다고 알려져 있다. 하지만 세계 각지에 분포하는 왜가리를 보면 쥐와 토끼는 물론 뱀, 거북, 심지어 새끼 악어까지 먹는다. 같은 조류인 새끼오리도 꿀꺽 삼킨다. 가냘프고 연약해 보이는 구부러진 목이 왜가리의 치명적인 무기가 된다. 먹잇감을 발견하면 적정 거리에서 있다가 급습하는데, 이때 구부러졌던 목이 순간 직선으로 쭉 펴지면서 길쭉하고 날카로운 부리로 사냥감을 순식간에 물어온다. 이처럼 가리지 않고 골고루 먹는 식성은 왜가리의 생존 능력을 키워 주는

중요한 요소로 작용하여 왜가리를 비교적 하천 등지에서 흔히 볼 수 있는 새로 만들어 주었다.

왜가리의 비밀 두 가지 왜가리는 살아 있는 동물을 잡아서 먹는다는 점이 황조롱이 같은 맹금류와 유사하지만 식사법이 좀 다르다. 살점을 뜯어먹는 맹금류들의 식사법과는 달리 왜가리는 강력한 위장 소화력을 가지고 있어 먹이를 통째로 삼킨다. 이 때문에 왜가리의 똥은 다른 어느 새똥보다 독성이 강하고 악취가 심해 왜가리가 둥지를 큰 나무가 말라 비틀어져서 고사한 경우도 있다. 왜가리는 강한 만큼 성질도 드세다. 생김새가 비슷한 백로와 같은 나무에 둥지를 만드는데 이때 백로가 물어온 나뭇가지를 빼앗아 자기 집을 만들기도 한다. 야생에서는 동족끼리 격렬한 몸싸움을 벌이는 모습도 종종 보인다. 강한 성격 덕분에 대공원 내에서는 삵 정도를 빼면 왜가리를 공격하는 천적은 없다고 볼 수 있다.

운명이 뒤바뀐 새, '까치'

벤치에 앉아 잠시 바람을 쐬고 앉아 있는데 까치가 무시로 날아와 이리저리 잔디밭을 두 발로 깡충깡충 뛰어다니며 먹이를 쫀다. 까치를 보면 반가운 마음이 앞선다. 행운과 희망이 찾아올지도 모른다는 막연한 기대를 품어 본다. 예전에는 까치가 울면 반가운 손님이 온다거나, 헌 이를 주면 새 이를 가져다주는 이빨 요정의 역할도 해 주는 등, 우리나라에서는 대표적인 길조의 상징, 행운과 희소식을 가져다주는 전령사이기도 했다. 그런데 이 까치의 운명이 달라졌다. 환경부는 2000년 9월 '장기간에 걸쳐 무리를 지어 농작물 또는 과수에 피해를 주는 까치'에 더해 '전주 등 전력 시설에 피해를 주는 까치'를 유해조수로 지정했다.[4] 한전은 조류 정전사고 예방을 위해 주기적으로 까치둥지를 철거하고 까치 포획단도 운영 중이다. 길조에서 흉조가 되어 버린 까치! 하지만 마음대로 까치를 잡으면 안 된다. 해당 종 전체가 피해를 주는 건 아니기 때문이다. 까치도 기본적으로는 보호 대상이다. 유해야생동물이지만 포획 시에는 허가가 반드시 필요하며 과도한 포획으로 생태계를 교란해서는 안 된다.

4) 홍준석, '길조'까치도 유해조수지만…, 연합뉴스, 2023. 1. 22. (https://n.news.naver.com)

- 참새목 까마귓과에 속하는 조류, 평균 2~10년 정도 삼
- 부리, 머리, 가슴, 등은 검은색, 배는 흰색, 긴 쐐기형의 꼬리를 가짐
- 도시, 농촌 등 마을 주변에 살고, 현재 울릉도를 제외한 전국에 서식
- 곡식, 과일, 곤충, 설취류 등의 작은 동물 등을 먹는 잡식성
- 여름에는 해충을 잡아먹어 도움을 주지만, 가을에는 농작물에 피해를 줌
- 월동기는 무리 지어 천적을 방어하고, 먹이활동을 하며 겨울을 보냄
- 민감한 번식기에는 집단으로 맹금류를 공격할 정도로 성격이 드셈

머리 좋은 까치, 괴롭히면 보복을 당할 수도… 까치는 재밌는 새다. 까치는 자신의 영역에 들어선 낯선 사람을 보면 '깍깍' 운다. 여기에서 까치가 울면 반가운 사람이 온다는 이야기가 전해져 온 듯싶다. 대략 6세 아이 정도의 지능이 있어 사람 얼굴을 구별할 수 있을 정도로 지능이 높다. 둥지에 있는 까치를 괴롭히면 얼굴이나 목소리를 기억했다가 그 사람 머리 위에 똥을 싸거나 보복을 한다는 이야기도 있다.[5] 또한 먹이를

5) 김예솔, '유퀴즈 새 전문가 김어진, 까치, 사람 얼굴 기억해 보복…', OSEN, 2022. 4. 27. (https://entertain.naver.com)

찾아 겨울 비닐하우스에 들어온 참새는 출구를 찾지 못해 나가지 못하고 이리저리 어지럽게 헤매지만, 까치는 비닐을 약간 들어 올려 비닐하우스에 들어가고 과일을 쪼아먹은 후 들어온 곳으로 나간다. 조류의 세계에서는 과히 천재급이다. 까치는 먼저 성질을 건드리지만 않으면 사람을 공격하지 않기에 까치를 두려워할 필요는 없다.

유해조수 까치 vs 우리의 자세 우리나라의 공식 국조는 없으나 전국 지자체의 30%가 '상징 새'로 채택하고 있는 새가 까치다. 이렇듯 길조로 알려진 까치가 지금은 천덕꾸러기 신세가 되었다. 그 책임은 까치가 아닌 인간에게 물어야 한다. 숲 개발 및 도시화로 생태계 균형이 붕괴되자 까치의 천적인 맹금류가 줄었고, 그에 반해 도심에서도 번식을 잘하는 까치의 수는 급격히 증가된 게 큰 이유이기 때문이다. 까치는 수많은 곤충을 포식하는 대자연의 조절자이며, 생태계의 한자리를 차지하는 구성원이다. 농작물 및 전력시설에 대한 피해를 최소화하면서도 까치를 보호할 수 있는 생태전환적 해결책을 생각해야 한다. 인간과 자연의 공존이 정답이다. 까치를 유해조수로 못 박고 쓸모없는 생명체로 인식해선 절대 안 될 일이다.

'물까치', 물에 살지 않는다?

'께에에에에엑, 께에에에에엑' 요란한 소리가 난다. 나무 위를 올려다보니 머리는 검은색, 날개와 꼬리는 하늘색인 새가 있다. 물까치였다. 까치와 같이 한국의 대표적인 텃새 중 하나이고, 전체적인 모습은 까치와 같다. 하지만 검은 머리를 제외하고는 일반적인 까치와 다르게 연보라와 하늘색이 어우러진 고급스러운 물색을 가진다. 그래서 이름이 물까치이다. 물까치는 물에서 살지 않는다.

· 참새목 까마귓과 물까치속, 평균 2~10년 정도 삼
· '께에에에에엑' 하고 우는 것은 경계할 때 우는 소리, 평소에는 "뾰잉뾰잉" 하는 울음소리를 냄
· 가족 중심의 무리 생활, 가족, 친지들이 공동육아를 함
· 과일을 좋아해 가을철 과일농가에 피해를 많이 입힘

가족애가 강한 물까치 물까치는 돌고래와 같이 가족생활을 한다. 지능이 높고 가족애가 매우 강하다. 천적이 세력권 내로 들어오면 가족끼리 힘을 모아 집단 방어를 하고, 육아도 함께 한다. 약육강식인 자연의 세계는 냉혹해서 어미가 죽거나 약한 경우, 그 새끼도 대부분 죽게 된다. 하지만 물까치 무리에서는 어미가 가져다주는 먹이가 적을 경우에는 형, 누나, 이모, 삼촌, 등 가족들이 먹이를 갖다 주며 공동으로 키운다. 그리고 가족구성원 중 누군가 죽게 되면 가족들이 사체 주변에 모여 추모하듯 한동안 머무른다. 가족을 이루며 정을 나누고 사는 물까치의 모습이 왠지 인간의 세계를 닮은 것 같아 더 애틋한 시선으로 보게 된다.

물까치의 공격성 사람에 대한 공격성이 강해 물까치 둥지 주변을 지날 때는 머리 위를 조심해야 한다. 특히 번식기인 5~7월 둥지 근처로 사람이 지나가면 침입자로 인식해 사람을 공격한다.[6] 마음씨 좋은 한 농부

6) 고유찬, '뒤통수 조심해라' 사람 공격하는 물까치, 조선일보, 2023. 7. 3. (n.news.naver.com)

가 둥지에 홀로 울고 있는 아기 새를 발견해 집에 와서 이것저것 먹이로 주면서 성심껏 돌봤는데 다음 날 농부는 다시 밭으로 가는 길에 뒤통수를 세게 맞았다. 뒤에는 아무도 없었고 단지 나뭇가지 위 아이를 빼앗겼다고 생각하는 슬픈 엄마 물까치만이 울고 있었다고 하는 실화가 방송으로 나왔던 게 떠오른다. 새끼를 지키기 위한 본능적인 야생동물의 행동을 이해하고, 번식기에는 서식지를 피해서 가는 등 야생동물과의 충돌을 피해 함께 살아가는 방법을 생각해야 할 것 같다.

노을이 아름다운 소래습지생태공원에서의 하루

염전에서 생태공원으로…
도심 속의 소래습지생태공원

인천광역시 논현동 한 켠에는 우리가 사랑하는 생태공원이 자리하고 있다. 처음 들어서는 입구에 저어새, 염전에서 소금을 만드는 염부의 조형물이 우리를 맞이한다. 도심 속에 자리 잡은 이곳은 갯벌이라는 자연환경에 예부터 있었던 염전이라는 자원을 이용하여 인천의 생태 · 체험 · 역사를 함께 느낄 수 있는 곳이다.

우리는 이곳에 가면 '어떤 것들을 보고 느끼고 생각할 수 있을까?' 기대가 된다.

소래습지생태공원

도심 속의 염전 모습

짭조름한 우리의 친구 소금

'톡톡' 음식을 만들 때 중요한 재료는 바로 소금이다. 맛있는 김치를 만들 때, 고기를 먹을 때도 필요하다. 또한 우리 사람의 건강에도 '소금'은 매우 중요하고 필요하다. 병원에 가서 입원하게 되면 수액을 맞게 되는데 우리 몸에 빠른 수분을 전달하기 위해서는 0.9% 소금물(식염수)을 맞기도 한다. 이렇듯 사람의 몸에 없어서는 안 될 요소가 소금이다.

소금은 동서고금을 막론하고 중요하여, 인류는 소금을 얻기 위해 많이 노력하였다. 1789~1974년도에 일어난 프랑스 대혁명의 원인 중의 하나에 소금이 있었다. 또한, 영어로 월급을 의미하는 샐러리(salary)라는 단어는 소금으로 월급을 주었다는 뜻의 라틴어 살라리움(salarium)에서 유래되었다. 옛날에는 소금을 화폐로 사용할 정도로 중요하였다.

그렇다면 소금은 어디에서 나오는 것일까? 그 해답을 찾기 위해 소금이 만들어지는 소금밭 '염전'으로 발길을 옮겼다. 염전은 바닷물을 끌어들여 논처럼 만든 곳으로, 바닷물을 모아서 막아 놓고 바람 · 햇빛 등 자연의 힘으로 바닷물을 증발시켜 소금을 만드는 곳이다. 인천광역시 논현동에 염전을 관찰할 수 있는 곳이 있다. 그곳은 70년 전만 해도 우리나라에서 소금을 가장 많이 만들었던 '소래염전'이 있던 소래생태습지공원이다.

〈소금이란〉

· 염화나트륨을 말하며 식염이라고도 함
· 바닷물에는 2.8%의 식염이 포함됨

· 바위에 섞여 있는 암염(소금)으로 육지에 존재함
· 우리는 하루에 15~20g의 소금을 섭취함
· 바닷물을 증발시켜 만든 소금을 천일염이라고 함

염전전경

가운데-함수창고(해주) : 강우 또는 추운 겨울을 대비하여 농축된 함수를 저장하는 창고로 대부분의 염전에서는 지붕이 낮아 처마가 땅과 닿은 곳임

소금창고

소금을 만들어 보관하는 창고임. 현재는 보수하여 자연학습장으로 활용함

염전 무자위(수차)

사람이 올라서서 날개를 밟으면, 바퀴가 돌며 물을 밀어 올리는 도구.
현재는 양수기로 대체됨

우리나라 염전의 역사

전통적으로 우리나라는 소금을 얻는 방법으로 전오법(바닷물을 끓여서 수분을 증발시킨 후 소금 결정을 얻는 방식)을 사용하였다. 그러나 전오법으로 소금을 얻기 위해서는 바닷물을 끓이기 위한 연료가 많이 필요하여 생산비가 많이 들었다.

일본의 기후는 천일염을 만들기 힘들어서 우리나라와 같은 전오법으로 소금을 생산하였고, 이에 생산비가 많이 들었다. 일제강점기 시절 일본은 전쟁에 소금이 많이 필요하게 되자 우리나라의 해안가를 조사하여 인천에서 중국과 같은 천일염을 생산할 곳을 찾게 되었다. 천연에너지(바람, 햇빛 등)를 이용해 소금을 얻는 염전을 천일염전이라고 하며 이렇게 얻은 소금을 천일염이라고 한다.

인천의 주안은 조수간만의 차이가 크고 갯골로 이루어져 제방을 쌓기 쉬워 천일염전의 후보지가 되었다. 또한 철도역인 주안역이 있어서 소금을 운반하기도 좋았다. 그래서 1907년 대한제국 시절 인천 주안에 일본이 처음으로 염전을 만들었고 우리나라에서 만들어진 대부분의 소금은 일본으로 반출되었다. 이렇듯 소금은 우리 역사의 아픔을 나타내기도 한다.

현재 주안염전 터에 있는 조형물

소래염전의 역사

주안염전의 성공 후 더 많은 소금을 빼앗아 가려고 했던 일본은 소래갯골에 1930년경 염전을 만들기 시작하였고, 1934년 첫 소금을 생산하였다. 소래 염전은 인천광역시 남동구 논현동과 경기도 시흥시 월곡동, 장곡동, 포동 일대에 만들어진 염전으로 약 600만㎡의 규모를 갖기도 하였다. 소금을 저장하는 창고가 40여 동이 있었다고 하니 그 규모가 크다는 것을 알 수 있다.

소래염전은 바닷물이 깊게 들어오는 넓은 갯벌과 풍부한 일조량이 소금을 만드는 최적의 조건이었다. 특히 수인선 협궤열차는 소래포구에서 인천항으로 소금을 옮길 수 있어 일본으로 갖고 가는 편리한 운송망으로 활용되어 일제 강점기에 큰 염전이 되었다. 그 후 1970년대에는 남한에서 전국 최대의 염전이 되었다. 그러나 1995년 수인선 열차가 낮은 경제성을 이유로 폐선되었고, 이러한 이유로 소금을 나르고 운반할 수 있는 통로가 막히면서 소금생산이 중단되고 이후로 폐염전이 되었다.

현재는 염전의 역사적 의미를 생각하여 생태공원으로 모습을 바꾸어 우리 곁에 있다. 염전창고를 개조해 생태전시관을 만들고 폐염전을 복구하여 염전학습장 등을 만들어서 학생들과 시민들이 소금의 생산과정을 체험하고 관찰할 수 있다.

소래습지생태공원

소래염전의 모습

우리가 보통 염전하면 떠올리는 장소는 밭과 같은 곳에 소금이 있는 장소일 것이다. 그러나 소금이 만들어지려면 바닷물을 저장하고 이동하며 결정이 일어나는 여러 가지 단계가 필요하다. 소래습지생태공원에 들어서서 생태전시관을 뒤로하고 걷다 보면 넓은 염전저수지와 수로, 증발지 등을 볼 수 있다.

우리가 바닷물이 되어서 소금이 되기 위한 이동길을 생각하며, 소금이 만들어지는 과정을 좀 더 자세하게 살펴보자.

염전저수지 소금을 만들기 위한 첫 번째 단계로 바닷물을 모아 놓는 곳이다. 뒤로 보이는 아파트 단지가 소래생태공원 염전저수지만의 멋진 풍경이다. 이곳은 바닷물을 저장하고 불순물을 가라앉게 한다. 이때 바닷물의 염도는 약 2~3%이다.

수로 염전 저수지의 물을 증발지로 이동하는 통로로 저수지로부터 난치 지역까지 연결되어 있다. 이 수로를 통해 저장되었던 바닷물이 난치 지역으로 이동한다.

난치 지역 저수지에서 들어온 바닷물을 1차로 증발시켜 염도를 11~12% 정도까지 높이는 곳이다. 초기단계로 약 10일 정도 저장하며 증발시키는 1차 단계이다.

늦태 지역 난치 지역에서 1차로 증발된 소금물을 2차로 증발시키는 곳이다. 늦태 지역에서 14일 정도 저장하며 증발시켜 염도를 약 20~22%까지 높이는 단계이다.

결정 지역 염전의 마지막 단계로 소금 결정이 생기는 곳이다. 제1, 2 증발지를 통해 바닷물은 20% 이상의 염도가 된다. 마지막으로 결정지에 2~3일 정도 두어 염도가 좀 더 높아지면 결정이 만들어지고 소금을 채취하면 된다.

결정지에서 만들어진 소금은 나무로 지어진 염전 옆에 있는 소금창고로 이동하여 보관되면서 간수가 빠지고 소금이 만들어지게 된다.

소래생태습지에 들어서서 생태전시관을 지나 걷다 보면 소금을 채취하는 결정 지역이 가장 먼저 보인다. 염전의 한자 뜻을 살펴보면 소금 염(鹽), 밭 전(田)으로 소금밭이라는 뜻이다. 무와 배추가 자라는 밭처럼 소금이 결정을 이루고 만들어진 소금을 모으기 위해서는 넓은 밭이 필요할 것이다. 그런데 소금을 모으는 과정에서 바닥의 흙이 같이 나오면 순수한 소금을 얻기 어려워진다. 조상님들은 그렇다면 소금을 얻기 위해 염전을 어떻게 만들었을지 그 시대에 많이 사용되었을 재료를 연결하여 생각해 보면 좋다.

염전에서 소금을 채취하는 단계인 결정 지역의 소금판은 시대에 따라 어떤 모습으로 변화한 것인지 알아보자.

토판 천일염을 만드는 초기부터 1955년 이전에 주로 사용된 방법이다. 이 시기에는 염전을 만들기 위한 방법으로 땅을 단단하고 편평하게 만들었다. 토판에서 소금을 채취하면, 소금에 갯벌이 섞여 검은색을 띄고, 다른 불순물이 섞여 들어가기도 했다. 그러나 현재는 토판에서 채취한 소금(토판염)은 미네랄이 함유되어 고가에 팔리기도 한다.

옹패판 토판에서 깨끗한 소금을 얻기 힘들자 1955년에서 1980년 초까지는 항아리 등 깨진 옹기로 바닥을 만들었다. 소금을 채취하는 과정에서 이것은 토판보다 깨끗한 소금을 얻을 수 있고 매끄러운 바닥으로 소금 모으기가 편리하였다.

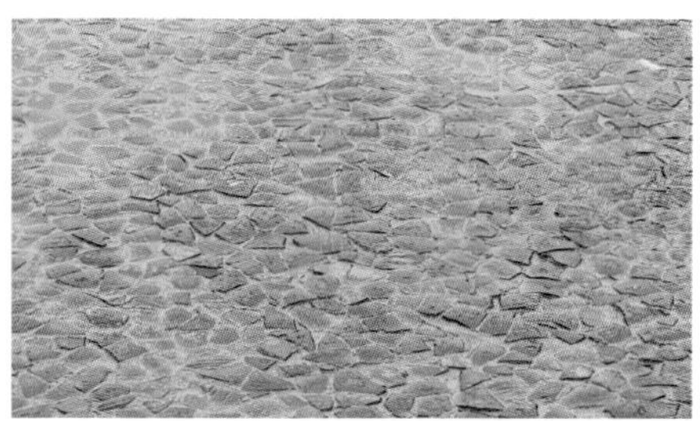

타일판 기술이 발전함에 따라 타일이 제작되었고, 1980년대 초 이후부터 현재까지 타일을 이용한 염전이 만들어졌다. 갯벌이 점성이 좋아 갯벌 위에 타일을 올려놓으며 제작하였다. 기존의 토판이나 옹패판보다 표면이 매끄럽고 불순물이 들어가지 않아 소금채취 작업이 쉬운 장점이 있다. 타일의 색은 검은색으로 태양열을 많이 흡수해 염도를 높이는 데 효과가 있다.

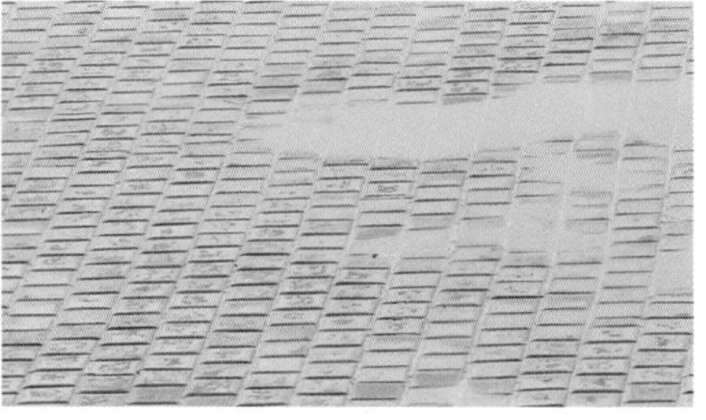

소금의 종류

천일염 암염

정제염 가공염(구운함초소금)

천일염 바닷물을 염전으로 끌어와 바람과 햇빛으로 수분을 증발시켜 만든 소금이다. 소래염전에서 소금을 만들었던 방식으로 굵고 반투명한 육각형의 결정모양이다. 무기질과 수분이 많이 함유되어 있다.

암염 돌소금이라고 불리며, 염화나트륨성분의 광물로 이루어져 있다. 바닷물 중에 물이 증발하여 퇴적된 암석을 말한다. 공업염, 식염, 소다 원료 등으로 이용된다.

정제염 깨끗한 물에 천일염을 녹여 불순물을 제거하고 재가열을 통해 결정을 만든 소금이다. '꽃소금'이라고 불리기도 하며 음식을 조리할 때 사용된다. 미네랄이 거의 없어 영양상 좋지 않다.

가공염 소금을 볶거나 굽거나 다시 녹이는 방법으로 만드는 소금으로 식품첨가물이나 다른 성분을 더하여 가공한 소금이다. 가공염으로는 구운함초소금, 죽염 등이 있다.

바다의 보물, 갯벌

바닷물이 적을 때

바닷물이 많을 때

서해안을 가면 밀물과 썰물의 차이에 따라 바다가 되었다가 땅으로 바뀌는 광활한 지역이 있다. 소염교(소래생태습지를 이어주는 다리)에서 본 이곳은 바다일까, 육지일까? 이런 물음에 쉽게 대답하기 힘든 곳, 이곳은 갯벌이다. 갯벌의 정확한 정의는 밀물과 썰물이 드나드는 해안에 밀물 때는 물에 잠기고 썰물 때는 드러나는 넓고 편평한 땅을 말한다. 바다와 육지가 공존하는 드넓은 갯벌은 어떤 모습과 특징을 보일까? 같이 살펴보자.

갯벌의 종류

우리는 갯벌은 항상 발이 푹푹 빠지고 질퍽한 곳으로만 생각하는데 우리가 놀러 가 본 서해안의 모습은 모두 이렇지 않다. 갯벌의 정의를 다시 생각해 본다면 '바닥이 진흙뿐만 아니라 모래, 자갈 등 큰 관계없이 밀물과 썰물에 의해 바다가 되기도 하고 땅이 되기도 하는 모든 지역'을 말하는 것이다. 그래서 갯벌의 종류는 펄갯벌, 모래갯벌, 혼합갯벌, 자갈갯벌로 나눌 수 있다.

펄갯벌 펄이 갯벌의 대부분을 차지하는 갯벌로 입자가 곱고 지반이 물러서 발이 푹푹 빠지는 갯벌이다. 강의 하구와 바다가 육지 쪽으로 들어간 만이 만나는 곳에 생긴다. 낙지, 조개류, 게, 짱뚱어와 갯벌의 풍부한 먹이를 먹을 수 있는 철새까지 서식한다. 우리나라의 경우 서해안의 강화도, 전라남도 순천이 이에 해당하며 소래갯벌도 이런 펄갯벌이 많았다.

모래갯벌 주로 모래로 이루어진 갯벌로 물살이 빠른 바다와 직접 닿은 해변이라 강의 하구에 만들어진다. 바닥이 단단하여 발이 잘 빠지지 않으며, 펄보다 쉽게 파이기 때문에 바지락 동죽 같은 조개류와 같이 굴을 깊게 파는 동물들(조개류, 고둥류, 엽낭게 등)이 서식한다.

펄갯벌

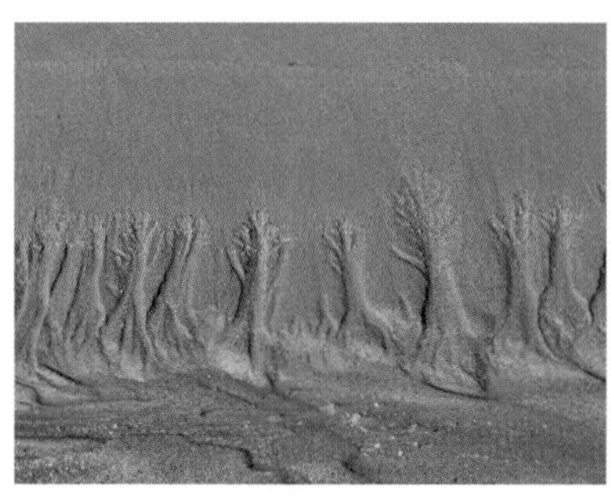

모래갯벌

혼합갯벌 펄과 모래, 작은 돌이 골고루 섞여 잇는 갯벌이다. 육지 쪽은 모래갯벌이고 바다 쪽에 펄갯벌 사이에 존재하는 갯벌이다. 멀리서 보면 펄갯벌과 비슷한 색으로 보이기도 하며, 펄갯벌과 모래갯벌 사이에 존재하여 많은 생태종들이 살고 있다. 바닷물의 흐름에 따라 모래와 갯벌의 비율이 달라지기도 한다. 우리나라의 송도 갯벌은 특히 한 갯벌 안에 펄, 혼합, 모래 갯벌의 구별이 뚜렷하게 나타나, 그에 따른 다양한 생물 분포를 관찰할 수 있는 곳이다.

자갈갯벌 산자락과 바다가 이어진 곳에 생겨난 갯벌로 크고 작은 자갈과 돌멩이로 이루어져 있다. 산자락에서 바로 떨어진 자갈들이 많으며 영종도 해안에서 관찰할 수 있다. 썰물 때 바닷물이 빠지면 작은 웅덩이

에 물이 남아 있는 곳도 있다.

혼합갯벌

자갈갯벌

갯벌이 만들어지는 조건

갯벌은 조수간만의 차가 큰 서해안에서 바닷물과 강물을 통해 운반되는 점토나 모래의 입자가 파도가 잔잔한 지역에 쌓여서 생기는 편평한 지역을 말한다. 강 퇴적물들이 점점 쌓여서 그 크기도 점점 커진다. 그러나 모든 해안에 갯벌이 존재하는 것이 아니라. 다음과 같은 조건이 있어야 한다.

첫째, 주변의 강의 하구 지역으로 강물로부터 흙과 모래가 지속적으로 퇴적되어야 한다.

둘째, 파도가 세지 않아서 흙이나 퇴적물들이 차곡차곡 쌓여야 하며, 해안선이 구불구불한 곳 중에서 육지 쪽으로 들어온 만 지역이 좋다.

셋째, 물의 깊이가 얕고 편평한 지역이 좋다.

넷째, 밀물과 썰물의 높이 차이가 커야 한다.

이와 같은 조건으로 우리나라의 서해안과 남해안에 갯벌이 넓게 분포한다. 서해안이 총 갯벌 면적의 83% 정도인 것도 위와 같은 조건 덕분이다. 그래서 서해안이 위치한 인천에서 갯벌을 많이 만날 수 있다.

우리나라의 갯벌

우리나라는 삼면이 바다로 둘러싸여 있어 다양한 지형을 만날 수 있다. 동해안은 바닷물이 깊고 만조와 간조의 바닷물 높이 차이가 작아서 수영장이 발달해 있고 갯벌은 잘 발달되지 않았다. 남해안은 많은 섬이 있고, 해안선이 구불구불하여 바닷물 높이 차이가 동해안보다는 크지만 서해안보다는 작다.

서해안은 만조와 간조의 바닷물 높이 차이가 커서 목포의 경우 최대 약 4m이며 해안선을 따라 북쪽으로 갈수록 그 차이가 커져서 인천은 약 9m가 된다. 또한 동고서저의 대한민국 지형적 특성으로 서해안은 강의 하류를 따라 퇴적물들이 쌓이게 된다. 이런 조건으로 서해안은 갯벌이 잘 발달하게 되었다.

인천을 포함한 경기도 갯벌 경기도의 서해안은 바닷물이 한강, 임진강, 예성강 등의 하구와 만나는 환경이다. 강화도의 넓은 갯벌과 영종도, 용유도 등의 섬 주변의 갯벌이 해당하며 펄갯벌이다. 김포갯벌의 일부분은 쓰레기매립지로 사용되며, 영종도 갯벌은 매립하여 인천국제공항이

인천송도갯벌(아암도)

생겼고, 송도 갯벌은 신도시 개발로 인하여 그 크기가 많이 줄어들었다. 수도권과 가까운 경기도 갯벌은 관광지 및 간척사업의 대상지로 빠르게 바뀌고 있다.

충청도 갯벌 머드축제 등으로 유명한 보령과 서천해안을 따라 고르게 발달해 있으며, 태안군 안면도를 중심으로 고르게 펼쳐져 있다. 충청도의 갯벌은 약 13%를 차지하고 있으며, 축제 등 지역문화행사가 많이 이루어지고 있다.

전라남도 갯벌 서해 지역의 많은 섬들을 품고 있는 갯벌은 우리나라의 약 44%의 면적을 차지한다. 특히 영광, 무안, 신안군 등에 넓은 갯벌이 있다. 전라남도의 남쪽 남해 연안은 해남군, 강진군의 육지해안을 따라 넓게 자리하고 있다. 여천군은 광양제철소 개발로 그 크기가 많이 줄었

전라남도 순천만생태공원

으며, 다도해국립해상공원과 수산자원 보전지구가 있다.

갯벌의 중요성

우리나라는 1960년대 이후 산업화와 인구증가로 토지와 식량자원을 확보하기 위해 갯벌을 간척하는 사업이 활발하게 진행되었다. 그러나 근래에는 갯벌의 환경적 가치가 부각되고 전 세계적인 갯벌 보전 운동을 하고 있다. 우리나라도 순천만 보전, 갯벌보전 운동을 통해 갯벌을 살리기 위한 많은 노력을 하고 있다. 그렇다면 갯벌의 중요성을 알아보자.

생태적 서식지 갯벌은 망둥어, 게와 고둥처럼 여러 가지 작은 동물들과 퉁퉁마디와 같은 여러 염생식물이 사는 곳이다. 갯벌은 여러 가지 동식물이 태어나고 자라는 곳으로 우리 생태계에 중요한 생물의 서식지이

다. 또한 서해안의 강화도 갯벌 등은 철새들의 중간 기착지이며, 남해안의 순천만은 철새들의 서식지이다.

교육 문화적 가치 갯벌은 체험, 낚시, 해수욕, 갯벌축제 등 문화적 체험 공간으로 많이 이용되고 있다. 다양한 생물을 볼 수 있기 때문에 교육적 가치 또한 뛰어나다. 학생들은 해양의 다양한 생물 관찰 등 체험 학습을 하기도 한다.

자연재해 조절 갯벌은 홍수에 따른 물의 흐름을 조절하고, 많은 물을 동시에 저장하여 물을 장기간에 걸쳐 조금씩 흘려보내 홍수를 막을 수 있으며, 순간적으로 물이 많아져서 수위가 높아지는 것을 일단 막을 수 있다. 또한 대기의 온도와 습도에 영향을 미쳐서 기후를 조절하기도 한다.

오염물질 정화 우리나라는 지형적 특성으로 서해안과 남해안에 갯벌이 많이 발달되었다. 갯벌은 하천을 통해서 육상에서 배출되는 오염되는 물질을 정화하는 기능을 갖고 있다. 하천에서 유입되는 유기물의 농도가 높은 물질은 갯벌 주변의 식물들에 의해 퇴적되고, 갯벌 속에 사는 수많은 미생물에 의해 유기물질의 분해가 이루어져 오염물질을 정화하는 능력이 있다고 할 수 있다.

어업의 경제적 가치 갯벌은 매일 밀물과 썰물로 인하여 풍부한 산소를 가지고 있어서 다양한 유기물과 생물종이 서식할 수 있다. 이러한 다양한 생물종은 어민들의 경제활동에 큰 부분을 차지한다. 갯벌에서는 많

은 수산물이 나오고 있어 경제적으로 큰 가치를 갖고 있다.

갯벌체험의 공간

게와 고둥처럼 작은 생물 서식처

소래습지(갯벌)에 살고 있는 식물

주차장에 내려 소래습지생태공원 입구에 들어가기 전에 소래갯골 탐방 데크가 두 곳 있다. 이곳은 갯벌과 높이가 가까워서 관찰하기 좋다.

소래갯벌 모습

소래갯벌 탐방 데크

소래습지 갯벌에서 관찰해요

소래습지 갯벌에서 관찰할 수 있는 동물과 식물을 알아보자. 소래 생태습지의 갯벌은 바닷물이 많이 들어오지는 않아서 조개류는 보기 힘들며, 작은 게와 말뚝망둥어 등이 서식하고 있다. 또한 생태습지 주변에는 군락을 이루어 살고 있는 염생식물과 여러 철새들의 모습을 볼 수 있다.

소래에서 서식하는 동식물에 대하여 자세히 살펴보자.

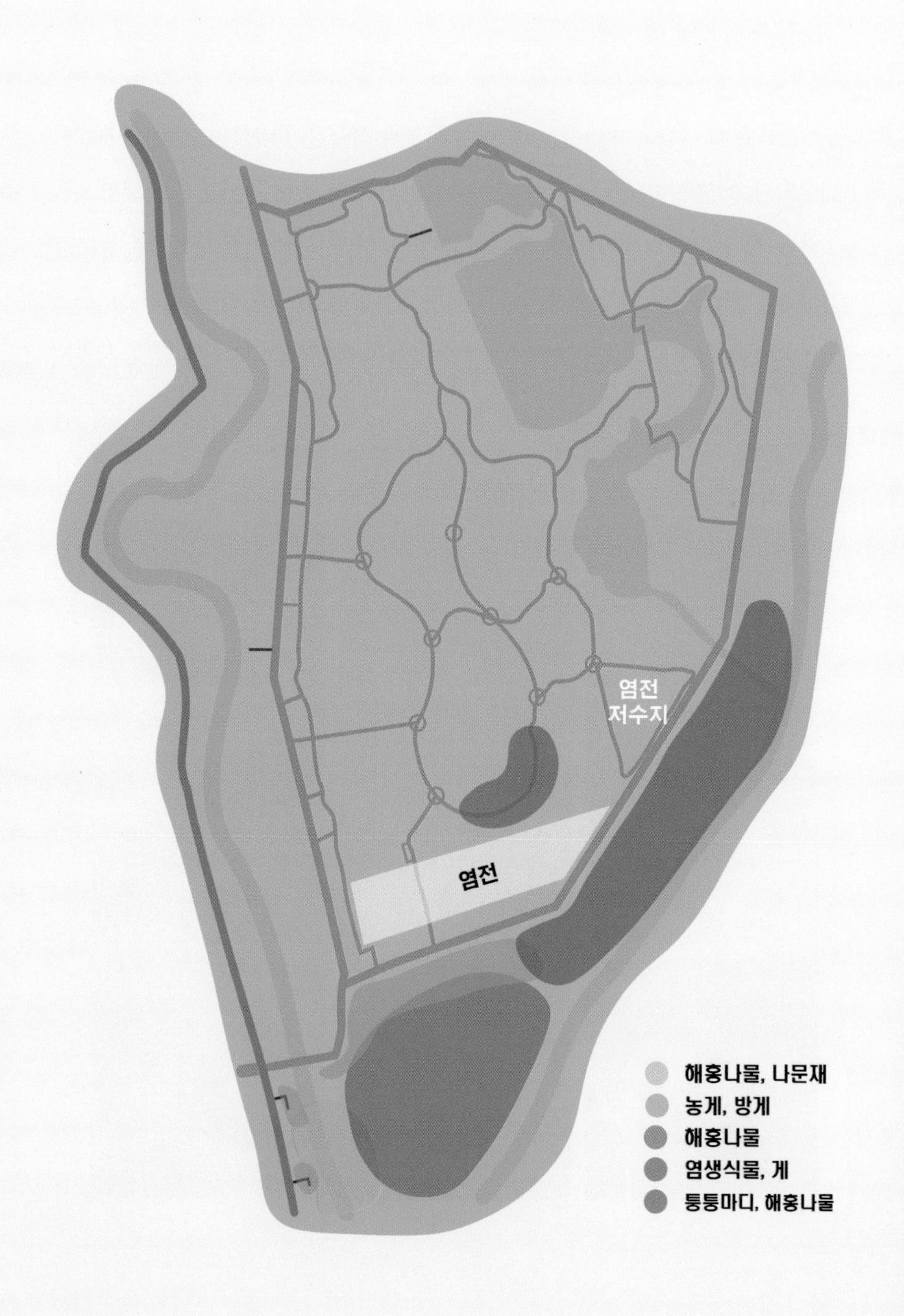
염전
저수지
염전
해홍나물, 나문재
농게, 방게
해홍나물
염생식물, 게
퉁퉁마디, 해홍나물

짭조름한 식물? 염생식물!

가을에 소래생태습지를 보면 붉게 물든 멋진 갯벌을 볼 수 있다. 갯벌의 색을 바꾼 것이 무엇일까 눈을 크게 뜨고 보면 바늘 모양의 잎을 가진 식물들이 있다. 이 식물은 매일 뜨거운 바다 햇빛을 받으며, 짠 바닷물이 항상 있는 식물들이 살기 힘든 곳에서 살고 있다. 이 멋진 식물은 무엇일까? 그 답은 바닷가 주변에서만 관찰할 수 있는 염생식물이다.

보통의 식물에 소금을 뿌리면 식물은 삼투압(물질이 저농도에서 고농도로 이동하는 현상) 때문에 물을 잃고 말라서 죽게 되어 소금은 자연제초제라고도 한다. 그래서 염분이 많은 땅에서 식물이 산다니 정말 신기한 식물이 아닐 수 없다.

염생식물의 살아가는 원리 바닷가와 같이 염분의 농도가 높아서 일반적인 식물들이 살기 힘든 곳에 적응하고 살고 있는 식물을 염생식물이라고 한다. 염생식물의 비밀을 찾아보면, 몸 안으로 들어오는 염분을 최대한 억제하도록 잎과 식물의 모양이 생겼다. 또한 염생식물은 흡수된 염분을 배출하는 대신 세포에 많은 물을 저장하는 저수조직이 발달하여 세포의 높은 염도를 낮추어 삼투압 현상을 조절하는 것이다. 그래서 퉁퉁마디, 해홍나물들을 살펴보면 통통한 잎들을 관찰할 수 있다.

염생식물의 기능 바닷가의 친구 염생식물은 갯벌의 오염물질을 정화하여 준다. 또한 새들의 서식지가 되며, 몇몇의 식물은 소금을 대신하는 요리 재료로 사용되어 맛있는 음식의 재료도 되고 약초의 재료도 된다. 또한 붉게 물든 갯벌은 휴식공간이자 멋진 풍경을 제공하며, 학생들의 자연탐구 교육의 장이 되기도 하여 우리 인류에게 중요한 역할을 한다.

사는 곳 염생식물이 사는 장소는 연안습지에서 염습지 부분이다. 염습지란 바닷물이 드나들어 염분 변화가 큰 습지를 말하는 곳으로 조석에 따라 일부가 잠기는 곳을 말한다. 염생식물도 토양이 수분과 염농도에 따라 살아가는 장소가 다르게 자라는데 수분 조건은 식물의 종류를, 토양의 염농도는 식물 종류의 분포 가능성을 결정한다. 침수지(갯벌, 기수 지역으로 질퍽거리는 갯벌)에서는 칠면초가 자란다. 침수되지 않으며 습한 곳(간척지나 과거 염전지)은 해홍나물, 퉁퉁마디가 자라며 마른갯벌 등 건조한 곳은 나문재, 취명아주 등이 자란다.

염생식물의 특징 염생식물은 식물 속 염분의 농도가 땅보다 높아서 주위의 물기를 빨아 올려 지내기 위해 잎이 통통하며, 빛을 잘 반사하기 위해 반질반질하다.

· 몸속에 염분이 있어 잎에 하얀 소금이 묻어 있음
· 뜨거운 바다 햇빛을 받아서 다른 풀에 비하여 잎이 가늘게 갈라짐
· 바닷가 모래밭이나 갯벌이라는 살기 힘든 지역에 살기 위해 양분을 아껴야 해서 꽃잎을 만들지 않음
· 꽃받침이 활짝 벌어지면서 수술이 나옴
· 꽃가루받이가 끝나면 꽃받침은 다시 닫히고 열매로 자람

염생식물

김○○ (인천○○초등학교 2학년)

염생식물은 평화주의자이다.
왜냐하면 싸우기 싫어서 소금물을 먹으니까.

싸우고 물을 먹거나 못 먹거나
안 싸우고 소금물을 먹거나 말거나

다른 애들은 다 싸우는데 왜 너만 소금물을 먹니?
하긴, 지면 목말라 쓰러질 지경이니까.

넌 소금물을 먹는 게 좋은 거야?
넌 티격태격하는 게 싫구나.

역시!
염생식물은 평화주의자야!!

비슷한 듯 다른 식물

가을철 갯벌이나 염전에 가면 붉은색으로 물든 멋진 모습을 볼 수 있다. 자세하게 살펴보면 바늘같이 긴 잎이 잎줄기에 있는 염생식물이다. 그런데 클로버나 민들레처럼 식물들은 잎의 모양이 다르게 생겼는데, 염생식물은 잎의 모양이나 색이 비슷하게 생겼다. 봄철과 같이 생장초기에는 육안으로만 관찰할 때는 구분하기 힘든 이 식물들의 이름은 칠면초, 해홍나물, 나문재로 늦여름이나 가을에 갯벌에 가면 좀 더 구분하기 쉽다.

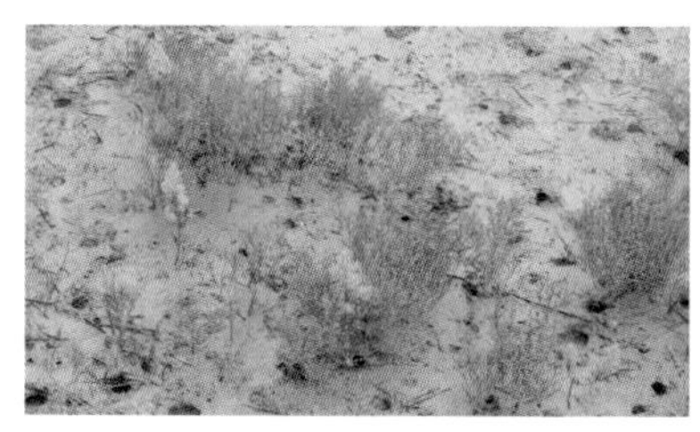

해홍나물과 연두색 나문재

1년 후 염생식물

세 식물의 공통점이 길고 바늘같이 생긴 잎이라면 차이점은 잎의 길이라고 할 수 있다. 칠면초가 가장 짧고 해홍나물, 나문재 순서로 길이가 길다. 또한 잎을 하나 따서 그 면을 보면, 칠면초는 둥근기둥 모양이라면 해홍나물은 반은 편평한 반원 모양이다. 주로 자라는 위치도 바다에서 가장 가까운 곳에는 칠면초, 그다음은 해홍나물 가장 먼 곳은 나문재를 볼 수 있다. 비슷한 듯 다른 염생식물의 세계이다.

칠면초 '칠면초'를 들으면 비슷한 이름으로 떠오르는 동물 '칠면조'가 있다. 칠면조라는 이름이 붙여진 이유가 머리에서 목에 걸쳐 드러나 있는 피부색이 붉은색, 파란색 등 여러 가지 색으로 변하기 때문이다. 칠면초는 이런 칠면조의 특징과 비슷하여, 칠면초도 녹색, 노란색, 주황색 자주색으로 색이 다양하게 변한다고 하여 칠면초라고 불린다.

침수에 강하여 바닷물 근처의 질퍽거리는 갯벌에 잘 살며 한해살이 초본으로 무리 지어 산다. 줄기는 곧게 서 있으며 높이는 10~50㎝로, 어긋나게 달리는 잎은 짧은 곤봉모양이나 선형이다. 잘라서 보면 단면이 원형이다. 봄의 꽃줄기는 녹색을 띠지만 시간이 지나면 자주색으로 변한다. 꽃받침잎은 5갈래로 나누어지며 8~9월 줄기나 가지 윗부분에서 아주 적고 자잘한 잡성화의 꽃이 핀다.

우리 조상님들은 소화불량으로 배가 아프면 칠면초의 줄기를 채취하여 깨끗하게 씻어 염분을 제거하고 생즙을 내어 먹기도 하였다. 약재로 사용하려면 9~10월에 채취하여 사용하며, 음식으로는 어린순을 따서 나물로 무쳐먹기도 한다.

칠면초

칠면초 잎의 둥근 단면

해홍나물

가을에 산에만 단풍이 드는 것이 아니라 우리나라 서해안인 소래갯벌도 산보다 더 붉게 자줏빛으로 물든다. 소래생태습지에 들어서면 보이는 소래갯벌을 붉게 물들이고 있는 멋있는 식물은 해홍나물, 퉁퉁마디, 칠면초 등인데 그중에 가장 많은 것이 해홍나물이다. 봄부터 갯벌 옆에서 소복하게 나오고 있는 염생식물로 바늘 모양의 잎을 갖고 있다. 계절이 지나면 색이 변하며 자신만의 아름다움을 표현하고 있는 해홍나물이다.

무리 지어 사는 해홍나물

바닷가의 멋진 단풍 해홍나물은 침수에는 약하고 건조에는 강해서 갯벌에서는 만조선 근처에 분포하여 초기 간척지의 개척자 식물이라고 불린다. 여러 개체가 모여 사는 군락생활을 하여 멀리서 보면 붉게 물든 멋진 모습을 볼 수 있다. 줄기는 곧게 서 있으며 높이는 30~50㎝이다. 한해살이 식물인 해홍나물은 어린 시기에는 붉은색이었다가 여름이 되어 자라면 녹색으로 변하고 다시 가을이 되면 붉은색이 된다.

해홍나물의 생김새 해홍나물은 방석나물과 칠면초와 생김새가 매우 비슷하여 분류하기 어려운데, 초여름(7~8월)에 노란색 꽃이 피면 해홍나

물이라고 할 수 있다. 염분이 높은 땅에서 자라야 하므로 꽃을 피우기 위한 많은 에너지를 사용할 수 없다. 그래서 꽃잎 없이 꽃받침이 5개로 갈라진다. 씨앗을 둘러싼 겉질은 꽃받침 5개가 그래도 남아 있는 모양으로, 씨앗은 조개 모양으로 까맣고 광택이 있다. 잎 윗면이 편평하여 윷가락 모양이고, 나문재보다는 짧고 칠면초보다는 길다.

해홍나물은 먹을 수 있어요 붉은 나물이라는 뜻에서 해홍(海紅)나물이라는 이름이 붙여졌다. 꽃말이 '못 있는 조국'이라는 해홍나물은 척박한 모래땅에서도 잘 자나라는 식물이다. 어린 순을 나물로 먹으며 예전에는 해열, 소화촉진에 이용하였다.

해홍나물 모습

해홍나물 꽃

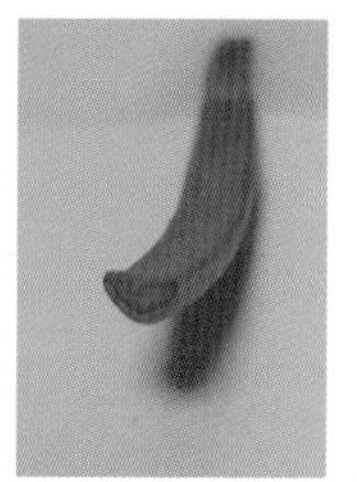

반달모양 잎 단면

나문재

봄에 처음 만나면 해홍나물과 구분하기 쉽지 않은 염생식물로 소래갯벌에 살고 있다. 염전이나 바닷가에 사는 염생식물로 전체 털이 없다. 해홍나물보다 잎의 길이가 길며, 여름까지는 녹색이지만 가을이 되면 식물의 줄기의 아래부터 붉은 색으로 변한다.

나문재 이야기 나문재는 옛날 음식재료가 부족한 시절 바닷가에 사는 사람들이 쉽게 구하여 무침으로 만들어 먹었다. 그러나 밥상에 자주 올라오니 맛이 없어 늘 밥상에 남기는 채소라 하여 남은 채로 부르다가 나문재로 이름을 바꿔게 되었다는 이야기도 있다. 연한 순을 따서 끓는 물에 삶아 물기를 짜고 된장, 고추장 등 갖은 양념을 하여 먹는 나물이다. 잎이 솔잎처럼 가늘다하여 갯솔나무라고도 부르기도 한다. 미네랄과 비타민이 풍부하여 건강식으로 봄철 잃어버린 입맛을 돋아 주어 관심을 받고 있다.

고려가요 속 나문재 나문재가 고려가요에 나와 있는 부분으로 나문재와 굴, 조개가 소박한 음식을 나타내는 의미로 사용되어 있는 부분이다.[7)]

고려가요「청산별곡」의 한 부분

살어리 살어리랏다 바ᄅᆞ래 살어리랏다
ᄂᆞ ᄆᆞ 자***기*** 구조개랑 먹고 바ᄅᆞ래 살어리랏다
얄리얄리 얄라셩 얄라리 얄라
(해석)
살으리 살으리라 / 바다에 살으리라/
나문재와 굴, 조개 먹고 바달에 살으리라
얄리얄리 얄라셩 얄라리 얄라

형태 및 생태 명아줏과의 한해살이풀로 속씨식물로 쌍떡잎식물이다. 줄기는 원기둥 모양이고 곧게 서 있으며 높이는 30~90㎝이다. 잎은 빽빽

7) 고려가요「청산별곡」

하게 나와서 소나무와 비슷하다고 하여 갯솔나물이라고 한다. 잎몸은 선형으로 길이가 1~5㎝ 정도이고 잘라보면 반달모양이다. 가늘고 긴 잎으로 여름까지는 회백색을 띤 녹색이지만 가을에는 아랫부분부터 노랗고 붉은색으로 변한다. 바닷가 중에 물에서 가장 먼 곳의 모래땅에서 자라며 전체에 털이 없다.

나문재 잎 나문재 꽃 나문재 잎-반달모양

퉁퉁마디

봄부터 바닷가 근처에 초록색의 작고 통통하여 선인장과 비슷하게 생긴 얼굴을 보이기 시작한다. 마디마디가 살찐 것처럼 퉁퉁하여 퉁퉁마디라고 이름 붙여졌으며, 소금을 머금을 풀이라는 뜻으로 함(짠맛)초라고 불린다. 소래생태습지의 염전 주위에서 많이 관찰되며, 난치 지역이나 늦태 지역 안에서 자라는 모습도 관찰할 수 있다.

퉁퉁마디(함초)가 우리에게 도움을 줘요 10여 년 전만 해도 염전에서 좋은 소금 결정을 얻지 못하게 하는 쓸모없는 잡초로 여겨졌다. 그러나 요즘은 퉁퉁마디보다 함초라는 이름으로 더 유명하다. 함초소금 등으로 건강식품으로 많이 판매되고 있기 때문이다. 바닷물의 수분과 미네랄이 함초에 흡수되어 각종 미네랄이 풍부하여 건강식으로 각광받고 있으며, 바닷가에 채취하는 사람이 많이 생겨났다.

유럽에서도 퉁퉁마디는 인기가 있어서 씨앗과 화분을 싸지 않은 가격에 팔고 있다. 이탈리아의 경우 야채로 등록되어 있으며, 아스파라거스와 비슷하게 많은 요리재료로 사용된다. 함초를 삶아서 갖은 양념으로 무쳐서 먹을 수도 있고, 유럽처럼 샐러드로 먹을 수도 있다.

퉁퉁마디의 형태 및 생태 명아주과 한해살이 식물로 봄에는 연녹색이다가 가을에는 붉게 변한다. 바닷물이 거의 닫지 않는 갯벌 윗부분에 서식한다. 줄기는 원기둥 모양이고 곧게 서 있으며 가지가 많이 갈라지

고 높이는 10~30㎝이다. 초록색 마디가 하나씩 생기며 자라고, 잎은 마디마다 마주나며 비늘 조각 모양이다. 가지 윗부분마디의 양쪽 비늘잎이 있다. 갯벌과 같은 바람, 햇빛 염분의 조건이 식물이 살기 힘든 곳에서 살아가다 보니 꽃은 8~9월에 피며, 이삭꽃차례를 이루며 녹색이다. 꽃의 크기가 작아서 작고 노란 점처럼 보여서 관찰할 때 자세하게 봐야지 보인다.

퉁퉁마디는 이렇게 살까요? 우리나라 서해안과 울릉도에서 자생하고, 주요 서식 국립공원은 한려해상, 태안해안 등이며 러시아, 일본, 아프리카 등에 서식한다. 염습지나 (폐)염전에서 주로 살며, 염분에 대한 내성이 강하나 침수나 다른 종들과의 경쟁에 약하여 군락을 지어 살다가 다른 종이 나타나면 사라진다. 간척지 매립 등으로 자생지가 많이 줄어들었다.

퉁퉁마디 무리 지어 살기

퉁퉁마디 잎-마주나기

늦태 지역의 퉁퉁마디

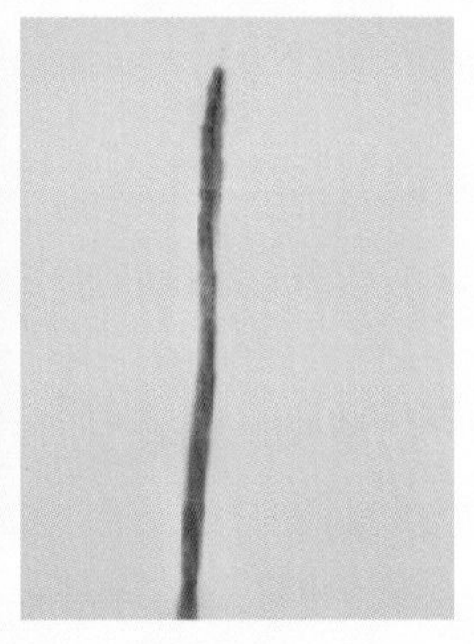

퉁퉁마디-비늘잎

갯벌에 사는 동물

농게(붉은발농게)

소래갯벌 관찰데크에 들어서면 사르륵하고 구멍 속으로 쏙쏙 들어가는 동물이 있다. 꽤 높은 위치에서 작은 발자국 소리에도 예민하게 느끼고 구멍으로 몸의 반 정도를 숨기고 언제라도 도망갈 수 있다고 말하고 있는 듯한 이 동물은 붉은발농게이다. 등딱지가 검푸르고 윤이 난다. 정식명칭이 '농게'이지만 수컷의 한쪽 집게발이 붉어서 흰발농게와 구분하여 붉은발농게라고 부르기도 한다. 큰 한쪽 집게발을 들고 있는 모습은 자신의 힘을 자랑하듯 위엄 있는 모습이다. 많은 농게를 쉽게 관찰하고 싶으면 아침이나 비온 뒤에 소래갯벌에 가 보는 것을 추천한다.

붉은발농게 수컷의 모습 붉은발농게 수컷은 두 개의 집게다리 중에 한쪽만 매우 커서 그 길이가 약 5㎝가 되는 것도 있다. 붉은발농게의 집게발은 붉은색으로 오른쪽이 발달하는 경우도 있고, 왼쪽이 발달하는 경우가 있다. 성장 과정에서 어느 쪽이 더 커질지 결정된다. 다른 쪽은 암컷과 같이 그 크기가 작다. 암컷은 양집게다리는 매우 작고 대칭을 이루며 숟가락 모양을 이룬다.

붉은발농게는 갯벌에 서식굴을 만들고 사람이 다가가면 재빠르게 집으로 들어간다. 한여름에는 몸을 말리려 구멍 밖으로 나와 볕을 쬐기도 한다. 겨울은 구멍에 깊게 들어가서 지낸다.

농게 수컷

농게 암컷

우리나라와 함께한 붉은발농게 『자산어보』에 "크기는 갈게와 같고 등이 높아 바구니와 비슷하고 왼쪽 집게다리는 특별하게 크고 붉으며 오른쪽 집게다리는 아주 작고 검으며, 몸 전체가 여러 빛깔이 섞여서 알록달록하게 빛나 마치 대모와 같고 맛이 적다. 소금기가 있는 진흙 속에 있다."라며 농게를 설명하고 있다.[8)]

조선 순조 24년(1824)에 한글 학자 유희가 쓴 책 「물명고」에 의하면 '옹검'을 한 집게다리는 크고 한 집게다리는 작다고 했다. 조선후기학자인 풍석 서유구(1764~1845)가 남긴 백과사전 「전어지」에서는 옹검을 한 집게다리는 작은데 늘 큰 집게다리로 싸우고 작은 집게다리로 먹으며 '걸보'라고 표현한 부분이 있다.[9)]

이 글들을 통해 농게는 예부터 우리나라에 살며 많이 관찰되던 동물임을 알 수 있다.

8) 자산어보, 한국민족대백과사전
9) 한국민족대백과사전

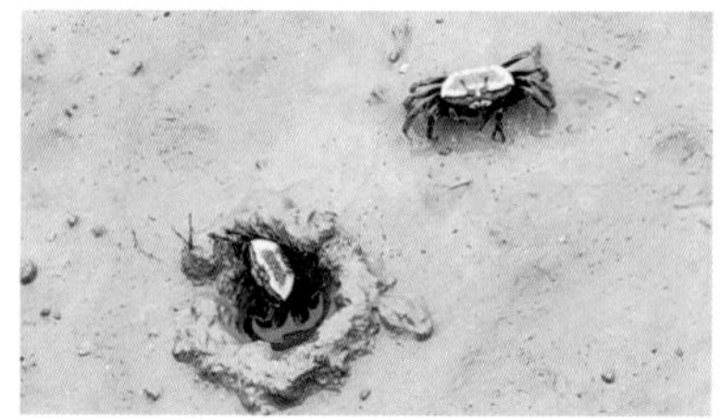

붉은발농게

날쌘돌이 농게

박○○ (인천○○초등학교 4학년)

샤샤샥 쏙!

샤샤샥 쏙!

어어? 어디갔지?

왕발 집게다리 들고도

날쌔게 샤샤샥 쏙!

또 숨어버렸네!

해치지 않을게!

데려가지 않을게!

얼른 나와 나랑 놀자!

농게(흰발농게)

한쪽 발이 큰 농게 중에 집게발과 몸이 하얀색인 농게가 있다. 이것은 수컷 흰발농게로 붉은발농게처럼 수컷의 집게다리의 한쪽이 다른 쪽에 비하여 크다.

빠르게 움직이는 흰발농게 흰발농게는 사람이 나타나면 재빨리 자신이 파 놓은 수직으로 긴 굴에 들어간다. 썰물이 되면 굴에서 나와 몸을 말리고 진흙 속의 유기물을 먹는다. 농게를 보고 있으면 집게발로 쉬지 않고 무엇인가를 먹는 모습을 볼 수 있으며, 먹이를 거르고 난 모래덩이를 턱 아래로 떨어뜨려 놓는다. 흰발농게도 수컷의 한쪽 집게발만 커서 암컷과 수컷을 구분하며 배 쪽 모양으로도 구분한다. 대부분의 게들의 특징이지만 암컷의 배는 넓고 둥그렇고 수컷은 뾰족하다. 번식기가 되면 자신의 굴 주위에 흙을 쌓아 놓고 암컷을 기다리며 큰 집게발을 드는 행동을 반복하기도 한다.

흰발농게 수컷

인천의 깃대종 흰발농게 환경부에서 흰발농게를 2012년 멸종위기 야생생물(2급)로 지정하였으며, 2021년 인천시에서 깃대종으로 지정하였다. 깃대종이란 인천을 상징하는 동물로 멸종위기의 동식물 5개종(대청부채, 점박이물범, 흰발농게, 저어새, 금개구리)으로 그중에 해당한다. 흰발농게가 깃대종이 된 이유는 그들의 생존 지역을 보면 알 수 있다. 흰발농게는 혼합갯벌(모래, 자갈, 펄 등이 섞인 곳) 최상부 건조 지역에 서식한다. 이 지역은 사람들이 사는 곳과 가까워서 오염물질 유입이 많다보니 생존이 힘들어진다, 또한 갯벌 주변을 간척하면서 이들이 살고 있는 서식지가 사라졌기 때문이다.

사람의 욕심이 작은 생물이 살고 있는 서식지를 빼앗았고 뜻하지 않게 그들은 사라지기 시작한 것 같아서 안타까울 뿐이다. 소래생태습지를 자세히 관찰하다 보면, 붉은발농게 사이에 하얀색 발이 보이고 있어 반가움을 금할 수 없게 한다. 지금 우리부터라도 이들의 서식지를 보호해 주는 노력을 해야 할 것이다.

흰발농게 수컷과 농게암컷

흰발농게

방게

갯벌에 놀러 가면 바위 사이로 빠르게 이동하는 작은 게들을 많이 볼 수 있다. 어린 학생들이 가면 꼭 한두 마리는 잡아 보는 게들 중에 하나가 방게이다. 갑각너비가 약 30㎜ 정도 되는 게로써 어두운 청록색 몸에 집게는 노란색이다. 양 집게다리는 좌우가 같으며, 수컷의 집게다리가 암컷에 비하여 크고 강하다. 다른 다리의 발목마다 끝과 앞마디 앞면에 짧은 털이 촘촘히 나 있다.

방게

방게 이야기 우리나라 전 해역에 서식하며, 강 하구 뻘 바닥에 비스듬히 구멍을 파고 산다. 갯가 갈대밭에서도 모여 살고 있으며(많은 경우 수천마리의 개체가 무리 지어 살고 있음), 겨울만 빼고 늘 볼 수 있다. 맛이 좋아서 튀김 등으로 많이 사용되며, 봄철에 많이 잡힌다. 움직임이 많고 빨라서 어린아이가 잠시도 가만히 있지 못하고 돌아다니는 모습을 비유하여 '열 발 성한 방게 같다'는 속담이 있다.

칠게

갑각너비가 38.5㎜로 다른 종류보다 평균적으로 조금 더 크며, 암컷이 수컷보다 작다. 양 집게다리는 대칭을 이루고 돌기와 털로 덮여 있으며, 수컷의 집게다리는 암컷보다 크고 모양도 다르다.

물기가 촉촉한 뻘갯벌에 서식굴을 파고 산다. 서해 갯벌에서 가장 쉽게 찾아볼 수 있으며, 한곳에 아주 많은 수가 무리 지어 있다. 집게발이 옅은 파란색이거나 분홍색이다. 바닷물이 빠지면 구멍으로 나와 진흙 표면에서 자라는 규조류를 먹는다.

눈자루가 길고 눈치가 빨라서 먼 데서 사람이 지나가도 바로 알고 구멍으로 들어간다.

칠게

말뚝망둥어

갯벌에서 구멍을 파고 사는 물고기로 갯벌에 가면 쉽게 볼 수 있다. '숭어가 뛰니 망둥어도 뛴다.'는 속담처럼 망둥어는 많이 볼 수 있어서 그 가치를 낮게 보기도 했다. 얼굴은 둥글며 눈이 볼록 튀어나왔고 주둥이는 짧다. 헤엄을 잘 못 치는 대신 가슴지느러미와 꼬리지느러미가 뻘 위에서 기어다니기 좋게 생겨서 썰물이 되어 물이 빠져나가면 뛰거나 기는 모습을 볼 수 있다. 나무 말뚝에도 잘 올라간다고 해서 '말뚝망둥어'라고 부른다.

말뚝망둥어

갯지렁이

갯벌의 부드러운 진흙이나 모래에 구멍을 파고 살기 때문에 구멍 속에 산소가 들어가 갯벌이 썩지 않고 숨 쉴 수 있도록 해주는 중요한 동물이다. 몸길이는 약 1㎜에서 2m까지 다양하며 몸은 가늘고 길며 많은 체절(일정한 간격으로 반복되는 단위)로 되어 있다. 체절 양쪽에는 촉각(옆다리)이 있다.

갯지렁이

게의 서식굴 찾기 놀이

소래관찰데크에서 보면 다양한 게의 서식굴이 있다. 어떤 게의 서식굴인지 찾기 놀이를 해 보자.[10)]

농게의 서식굴

입구부터 아래로 곧게 지으며, 입구 주변에 탑모양으로 쌓아 올림

흰발농게의 서식굴

흰발농게 수컷이 번식기에 굴 입구에 흙을 쌓아 반구 모양으로 만듦

세스랑게의 굴

흙을 탑모양으로 쌓은 것으로 탑 위와 탑 옆에 들어갈 구멍이 있음

방게의 굴

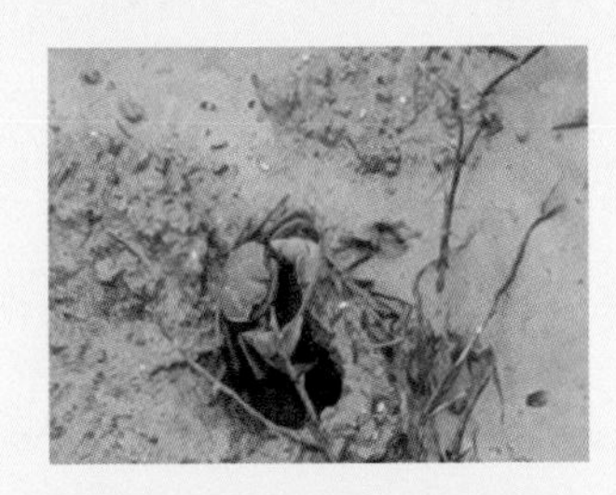

둥근 모양으로 옆에는 방게가 굴을 파면서 나왔던 진흙이 쌓여 있음

10) 해양학백과

반짝 반짝 소금으로 글씨를 써요

바닷물을 햇빛에 증발시키는 소금밭에서는 소금이 나온다. 소금물을 말리면 소금이 나오는 것을 확인하는 방법이 있다. 다음의 활동을 통해 소금의 존재를 경험해 보자.

준비물로는 면봉, 크레파스로 좋아하는 글귀를 쓴 검은 도화지, 소금물이 있다. 소금물은 소금 알갱이가 가라앉은 게 약간 보일 정도로 포화상태로 만들어 준다. (따뜻한 물에 녹이면 더 쉽다.)

〈탐구과정〉

1) 검정 도화지에 밝은 색으로 글씨를 쓴다.
2) 면봉에 소금물을 묻혀 강조하고 싶은 글씨 위에 칠한다.

〈주의점〉

소금물(소금:물=1:1.5 정도) 준비
- 소금물이 글씨 위에 가득 고일 정도로 칠한다.
- 가라앉은 소금을 건져 올려서 칠하지 않도록 한다.
- 햇볕이 잘 드는 곳에 두어 말린다. (실내기준 마르는 데 약 2시간)

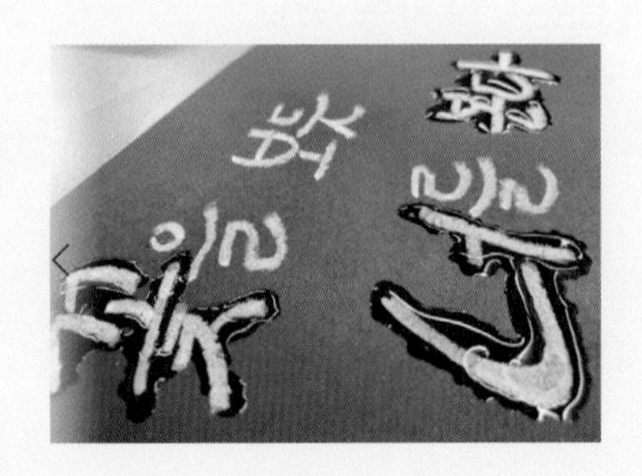

〈탐구결과〉
햇빛과 바람에 의해 물이 증발하고 소금 결정이 맺혀 글씨가 반짝이는 것을 확인할 수 있다.

염생식물 소금 검출 실험

1) 실험주제 : 염생식물은 소금기를 머금고 있는가?
2) 준비물 : 염생식물, 질산은, 물, 스포이드, 실험도화지
3) 가설설정 : 바다 근처에서 살 수 있는 것은 염생식물은 소금기를 갖고 있을 것이다.
4) 실험 시 유의점
   - 식물을 채집하며 다른 식물을 다치지 않게 하고 가능하면 선생님의 안내에 따라 활동한다.
   - 식물이나 바닷물, 질산은은 절대로 먹지 않는다.
   - 질산은 수용액의 경우 손에 닿지 않도록 주의한다. 손에 닿은 경우는 흐르는 물에 빨리 씻는다.

5) 실험 준비하기

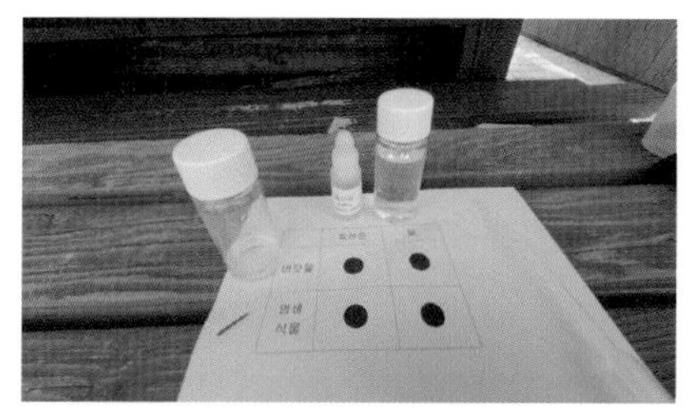

준비물 :
질산은, 물, 스포이드, 실험도화지

염전 옆의 고여 있는 바닷물을 컵에 조금 (두세 방울만 사용할 것) 담아 온다.

염생식물 잎 1개를 딴다.
(다른 잎을 건드려 식물이 다치지 않게 한 개만 채취)

염생식물의 잎을 비스듬하게 자른다.
(염생식물에 질산은이 닿는 면적이 넓을수록 반응이 잘 보임)

〈실험하기〉

가) 다음과 같은 검사지 또는 검정종이에 질산은과 물을 두 곳에 각각 두세 방울을 떨어뜨린다.

	질산은	물
바닷물	●	●
염생식물	●	●

나) 염생식물 잎을 질산은과 물을 떨어뜨릴 두 곳에 잘라서 놓는다.

다) 질산은을 바닷물과 염생식물에 한 방울씩 떨어뜨린다.

라) 물을 바닷물과 염생식물에 한 방울씩 떨어뜨린다.

마) 변화 결과를 관찰한다.

바) 관찰결과를 비교한다.

사) 알게 된 점과 주변의 다른 예를 생각한다.

6) 실험결과

바닷물과 염생식물은 질산은을 만나면 흰색 앙금이 생긴다.

염생식물과 바닷물은 물을 만나면 앙금이 생기지 않는다.

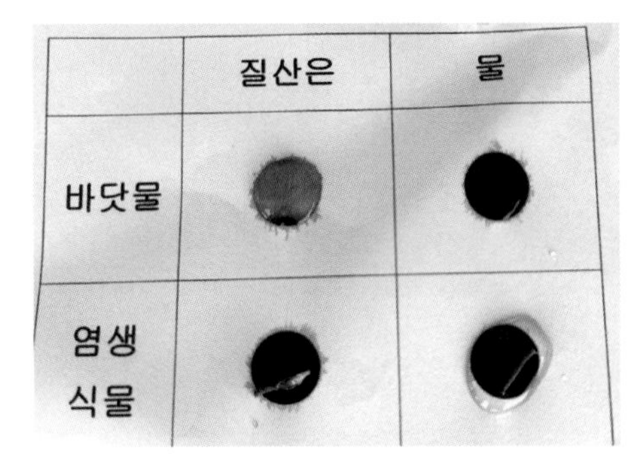

실험결과정리

실험결과

원리설명

용액과 용액을 섞었을 때 특정한 이온끼리 만나서 앙금이 생긴다. 질산은(NOAg)과 소금(NaCl)이 만나면 다음과 같이 흰색 앙금이 생긴다.

Ag^{+}	+	Cl^{-}	→	AgCl↓
은이온		염화이온		염화은

염생식물에 하얀 앙금이 생긴 것으로 보아 염생식물에 소금성분이 있다.

소금밭 탐구생활

학교　　학년　　이름 :

1. 염전이 위치한 곳의 특성은 무엇일까요? 소금을 얻기 위해 필요한 조건을 생각하며 소래 염전을 둘러봅시다.

활동	결과
소래 염전을 본 첫인상은 어떤가요?	
소래 염전의 전경을 둘러봅시다. 무엇이 보이나요? 본 것을 자유롭게 적어보세요	
이곳에 소래염전을 만든 이유는 무엇일까요?	

2. 다음 설명을 읽으면서 해당하는 소금판의 이름을 〈보기〉에서 골라 적으세요.

〈보기〉　토판　옹패판　타일판

설명	소금판
이 소금판에서 채취한 소금은 미네랄이 풍부하여 고가에 판매되기도 하지만, 소금에 다른 기타 불순물이 섞여 들어가기도 한다.	
항아리 등 깨진 옹기로 바닥을 만든다.	
검은색 타일이 태양열을 흡수해서 염도를 높이는데 효과가 있다.	

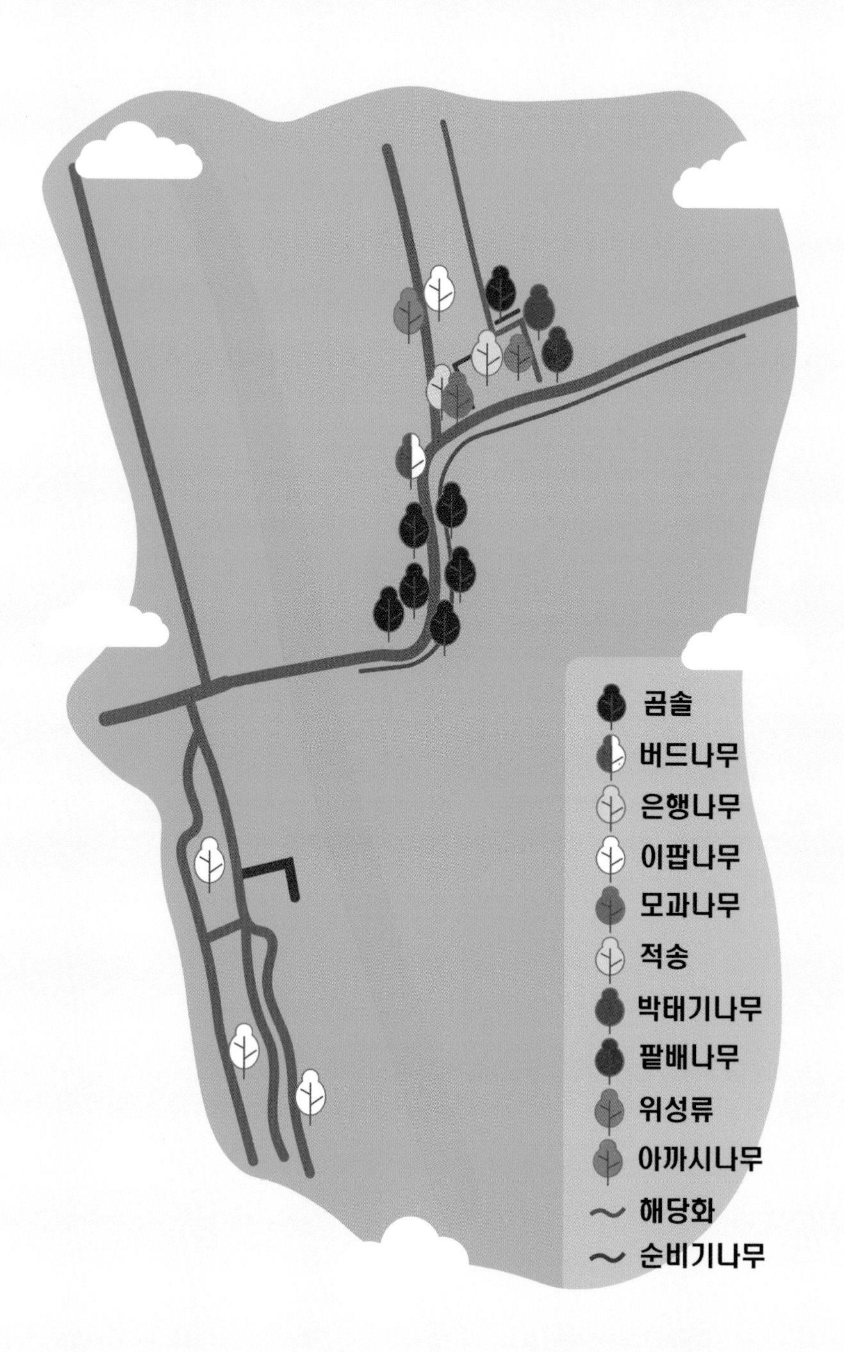

곰솔
버드나무
은행나무
이팝나무
모과나무
적송
박태기나무
팥배나무
위성류
아까시나무
해당화
순비기나무

소래습지생태공원에서 우리를 맞이하는 나무들

소래습지생태공원의 입구를 지나 다리를 건너면 다양한 동·식물들이 우리를 맞이한다. 가장 먼저 볼 수 있는 것이 곰솔과 해당화다. 그럼 소래습지생태공원에서 볼 수 있는 대표적인 나무들을 알아보자. 소래습지생

태공원의 나무들에 대해 알아보고 직접 관찰해 본다면 평소에는 그냥 산책하며 보는 나무들이었지만 '여기에 이런 나무가 우릴 맞이하고 있었구나?' 하고 또 다른 의미로 다가올 것이다. 그럼 소래습지생태공원에서 볼 수 있는 나무들을 만나러 가 볼까? 출발!

바닷가에서도 강한 나무 곰솔

소래습지공원에서 가장 먼저 볼 수 있는 나무이다. 내염성이 강하고 생장이 빠르다는 특징이 있어 소금기가 있고 강한 바닷바람으로부터 농작물을 보호하려고 방풍림으로 많이 심었다.

나무의 껍질, 즉 수피가 검은색이어서 '검솔'이라고 부르던 것이 곰솔로 변하였다고 추측하고 있다. 곰솔 외에 바닷가에 많이 있어서 '해송'으로 부르기도 한다.

· 소나뭇과에 속하는 겉씨식물
· 꽃(암구화수)은 붉은 색
· 암수한그루이며, 수분기는 4~5월임
· 높이는 25m 정도 자람

소나무와 곰솔 비교하는 방법 곰솔은 소나무보다 가지가 굵고 잎도 훨씬 단단하다. 소나무 잎과 곰솔 잎을 같이 비교해 보면 쉽게 비교할 수 있다. 곰솔에 찔리면 더욱 따가울 것이다. 소나뭇과 나무가 서식하고 있는 장소를 통해서도 식물을 생각해 볼 수 있다. 산에서 볼 수 있는 나무는 소나무일 가능성이 높고 바닷가에서 볼 수 있는 나무는 곰솔일 가능성이 높을 것이다.

또한 나무의 줄기를 보고도 비교할 수 있는데 곰솔은 이름과 같이 나무 껍질이 검은색 또는 어두운 회색에 가깝고 소나무는 적갈색을 띤다. 그래서 소나무를 적송이라고도 부르는데, 일본식 이름이라고 한다.

그리고 우리 주변에는 소나무와 비슷한 나무들이 여러 종이 있다. 이러한 나무를 쉽게 구분하는 방법으로는 잎이 몇 개씩 무리 지어서 나 있는지 보는 방법이 있다. 소나무, 곰솔 잎은 두 개씩, 리기다소나무는 세 개씩, 잣나무 잎은 다섯 개씩 무리 지어 난다.

솔방울 3대가 같이 살아요 수정을 한 솔방울의 크기는 그다지 크게 자라지 않는다. 그리고 1년이 지난 솔방울은 조금 더 커지고 초록색 솔방울 모습이고, 우리가 보통 솔방울 하면 생각하는 크기와 색의 갈색 솔방울은 수정 후 2년째 가을에 익은 것이거나 그 이후의 솔방울이다. 즉 지금

소나무를 보면 아기 솔방울부터 다 자란 솔방울까지 솔방울 3대를 관찰할 수 있을 것이다. 한번 소나무를 올려다볼까? 솔방울 3대를 찾아보자.

소나무의 꽃가루 송홧가루 식물의 자손 번식을 위해 꽃가루(화분)는 가장 중요한 부분이다. 하지만 인간에게는 이런 꽃가루로 알레르기성 비염, 기관지 천식, 알레르기성 눈병 등을 일으키는 원인이 되기도 한다. 같이 학교에서 생활하고 있는 학생 중 한 명은 소나무를 함께 관찰하며 꽃가루 설명을 해 주었더니 봄철 꽃가루 알레르기가 있어 집에서 창문을 열어두는 것도 조심한다고 덧붙여 말해 주기도 하였다.

소나무에서 봄철에 나오는 꽃가루를 송홧가루라고 부른다. 5월 바람이 불 때 노란색 송홧가루가 날리는 모습을 영상을 통해서 본 사람들도 있을 것이다. 아직 못 본 사람은 인터넷에 검색을 해 보면 송홧가루의 많은 양을 볼 수 있다. 엄청난 양의 송홧가루를 날리는 소나무의 모습을 보며 소나무의 수분 방법에 대해 생각해 보자.

바람을 이용해 수분(수술의 꽃가루를 암술머리로 옮기는 것)을 하는 풍매화 중 하나인 소나무는 많은 양의 꽃가루를 바람에 날려 수분을 한다. 참고로 수분을 꽃가루받이라고도 한다.

풍매화의 꽃가루는 바람을 타고 다녀야 하기 때문에 크기가 작고 무게는 가볍다는 특징이 있다. 그리고 바람을 이용해 수분하기 위해 많은 양의 꽃가루를 바람에 날려 보낸다.

그래서 우리가 많은 양의 꽃가루 날리는 모습을 볼 수 있던 것이다. 벌과 같은 곤충을 통해 수분하는 식물처럼 곤충을 유인하기 위한 화려한 꽃잎을 갖고 있거나 향긋한 향기를 내는 꽃을 만드는 대신에 많은 꽃가루양이라는 소나무의 전략이 있던 것이다. 보통 우리가 알고 있는 꽃잎이 있는 꽃과는 다른 소나무의 꽃도 찾아 비교해 보자. 서로 다른 모습에 소나무의 꽃이 정말 꽃이 맞는지 의아한 생각이 들 수도 있다.

소나무 꽃가루의 또 다른 특징으로 양쪽에 공기주머니(기낭)가 있다는 점을 들 수 있다. 곰솔의 꽃가루도 마찬가지로 공기주머니(기낭)를 갖고 있는데 바람을 타고 멀리 날아가기 위해 무게와 크기뿐 아니라 풍선까지 달고 있는 것이다. 참고로 곰솔의 꽃가루는 소나무류 중 가장 크기가 작다고 한다.

식물마다 꽃가루가 많이 발생하는 시기가 다양한데 이번 기회에 식물 종류에 따른 꽃가루에 대해 정보를 찾아보고 기억한다면 알레르기와 같은 질병 예방에도 도움이 되지 않을까?

겉씨식물인 소나무 식물을 분류하는 기준 중 하나로 종자식물이 있다. 종자는 쉽게 씨앗이라고 생각하면 된다. 종자식물은 겉씨식물과 속씨식물 두 가지로 나뉜다. 속씨식물은 종자가 씨방이라 부르는 조직 안에 있다. 씨방은 성숙하면 열매가 된다. 겉씨식물은 종자가 씨방과 같은 조직에 싸이지 않은 식물군이고 흔히 침엽수가 해당한다. 소나무는 겉씨식물인데 겉씨식물은 씨방에 둘러싸이지 않고 밑씨가 밖으로 드러나 있다. 겉씨식물에는 향나무, 소철, 은행나무 등이 있으며 대부분의 겉씨식물은 소나무류, 전나무류와 같이 솔방울을 갖는 식물로 구과식물이라고도 부른다.

속씨식물과 달리 겉씨식물의 꽃은 보통 꽃을 떠올리면 생각나는 예쁜 꽃잎도 없고, 꽃잎을 받쳐 주는 꽃받침도 없다. 반대로 생각하면 꽃은 속씨식물의 특수화된 구조라고 볼 수 있다.

솔방울

곰솔의 검은 가지

소나무의 붉은 가지

버드나무

소래습지생태공원에서 볼 수 있는 버드나무의 모습이다. 버드나무에 대한 설명은 인천대공원 버드나무에 대한 내용을 참고하여 보면 된다.

버드나무 모습

버드나무 잎

버드나무 수피

살아 있는 화석이라고 불리는 은행나무

은행나무는 살아 있는 화석이라고 불리는 대표적인 나무다.

은행나무는 전 세계에서 볼 수 있는 나무인데 거의 대부분의 은행나무가 사람의 도움 없이 번식하고 자생하는 것이 아닌 사람이 심고 가꾼 나무이다. 그 이유는 은행나무는 인간의 도움 없이 번식하기가 쉽지 않기 때문이다. 씨앗이 크고 무거워서 바람을 타고 널리 퍼지기 어렵고 특유의 냄새가 나기 때문에 동물의 힘을 빌려 이동하는 것도 어렵다. 오래전에는 냄새나는 은행 씨앗을 좋아하는 동물이 있었을지 모르지만 지금은 없다고 한다. 은행나무 하면 가을에 고약한 냄새를 풍기는 은행 열매를 생각하는 사람들이 많을 것이다. 이러한 은행나무는 어떠한 이야기를 갖고 있는지 알아보자.

- 은행나뭇과에 속하는 겉씨식물
- 수피는 세로로 갈라짐
- 암수딴그루이며, 수분기는 4월
- 가로수, 공원수로 우리나라 전국에 널리 식재
- 종자가 '살구와 비슷하게 생기고 가운데 껍질이 희다' 하여 은빛 살구의 의미를 가진 은행(銀杏)으로 부름
- 씨는 9-10월에 노랗게 익는다.

살아 있는 화석이라고 불리는 이유 지구상에 은행나무가 처음 나타난 것은 고생대(약 5억 7천만~2억 2000만 년 전)로 추정되며, 중생대 쥐라기(약 1억 8000만~1억 3500만 년 전) 때 가장 번성했을 것으로 전해진

다. 오래전에는 지금의 모습과 조금 다르고 여러 종의 은행나무가 살았을 것으로 추정하지만 현재는 우리와 같이 살고 있는 은행나무 1종만 살아있다. 공룡과 같이 살았던 나무가 지금까지 우리와 만나고 있으니 살아 있는 화석이라고 부르고 있는 것이다.

이렇게 지구상에 딱 1종밖에 없는 은행나무를 소중히 여겨야하지 않을까?

전등사 은행나무 이야기 암나무에서 수나무로 성을 바꾼 전등사 은행나무 이야기가 있다.

인천 강화도의 대표적 문화재인 전등사에는 은행나무가 있는데 이 나무는 열매를 맺지 않는다고 한다. 성을 바꾼다는 과학적으로는 불가능할 것 같은 이야기에 대해 알아보자.

불교를 억제하던 조선 시대 때, 나라에서는 절을 탄압할 구실을 찾기 위해 전등사 스님들에게 보통 은행나무에서 열리는 열매의 양보다 훨씬 많은 열매를 달라고 했다. 이 때문에 스님들은 고민을 하였고 어느 날, 스님들은 아예 열매를 맺지 않는 수나무로 바꾸어 달라고 부처님에게 기도를 하였다. 스님들의 기도가 통했는지 전등사의 은행나무는 이듬해부터 열매를 맺지 않는다고 전해지고 있다.

냄새가 나는데 은행나무를 심는 이유는 무엇일까? 도시의 가로수로 많이 심겨 있는 은행나무. 병충해에 강하다는 점, 노랗게 물드는 은행잎의 단풍은 사람들에게 아름다움을 느낄 수 있게 해준다는 점에서 가로수로서 장점을 갖고 있다.

가로수로 아쉬운 점이 있다면 가을에 열리는 종자에서 고약한 냄새가 풍긴다는 점이다. 종자가 열리지 않는 수나무만 심으면 냄새를 안 맡아도 될 테니 문제가 해결되겠지만 나무가 어릴 때는 암나무와 수나무를 구별하기가 어렵고 어린 은행나무가 자라서 종자를 맺는 데는 20~30년이나 걸린다고 한다. 그래서 그동안 어쩔 수 없이 암나무도 섞어 심게 되고 도시에서는 냄새로 불편함을 느끼기도 했던 것이다. 그러던 중 2011년에 국립 산림과학원에서 어린 은행나무일 때도 암나무와 수나무를 구별하는 방법을 개발하였다고 한다. 은행나무 잎에서 수나무에만 존재하는 유전자를 활용하여 어린 은행나무도 암나무인지 수나무인지 구별하는 것이다. 이제 은행나무는 수나무만 볼 수 있게 되는 것일까? 가로수로 모든 면에서 완벽한 나무를 찾기 보다는 나무의 특성을 잘 활용해 가며 같이 살아가면 어떨까? 가을에 조금 불편함을 주지만 좋은 종자를 주는 암나무도 수나무도 모두 인정해 주고 사랑을 주면 어떨까? 여러분의 의견은 어떠한지 이유도 생각해 보자.

소나무와 은행나무의 공통점 소나무와 은행나무의 공통점은 무엇일까? 가장 먼저 겉씨식물을 생각한 사람도 있을 것이고 이외에도 여러 가지 공통점을 이야기할 수 있을 것이다. 소나무와 은행나무의 잎이 사람에게 주는 도움 측면에서 공통점은 무엇일까? 바로 천연 항생 물질을 갖고 있다는 점이다. 그래서 두 나무의 잎을 사람들은 생활 속에 활용을 하였다. 예를 들어 소나무 잎은 송편을 찔 때 사용하여 송편이 상하지 않도록 사용하였고 은행나무 잎은 벌레는 막고, 항균 효과가 있어 책의 책갈피로 사용을 하여 종이를 보호할 수 있다. 최근에는 은행나무 잎의 항균 효과를

활용한 포장재를 개발하는 회사도 있다고 한다. 이러한 소나무와 은행나무의 특징을 활용하여 여러분은 어떤 곳에 사용할 수 있을지 생각해 보자.

소나무와 은행나무의 공통점

소나무 잎

은행나무 잎

세로로 갈라진 은행나무 수피

은행나무 모습

은행 열매

흰 눈이 온 것 같은 이팝나무

날이 더워지기 시작하는 5~6월에 이팝나무의 하얀 꽃이 활짝 핀 모습을 보면 마치 나무 위에 눈이 내린 것 같다. 그래서 영어로 이팝나무를 '눈꽃(Snow flower)'이라고 부른다. 사실 나는 꽃이 핀 모습을 보고 흰색과 초록색이 섞여 있는 '쑥버무리'라는 음식은 먼저 떠올리긴 했다만……. 아무튼 이팝나무 꽃이 바람에 떨어져 내리는 모습은 멋진 풍경이다.

이팝나무는 꽃의 모습이 흰 쌀밥처럼 보이기 때문에 붙여진 이름이다. '이팝'이란 쌀밥의 다른 말인 '밥'을 세게 발음한 것이라고 한다. 그리고 흰 쌀밥을 이밥이라고 불렀는데, 조선시대 왕의 성이 '이씨'이고 '이씨'가 주는 귀한 흰 쌀밥이라고 생각했기 때문이다. 또 다른 의미에서는 24절기 중 여름이 시작하는 절기인 입하쯤에 꽃이 핀다고 입하목으로 부르다가 이팝나무라고 불렀다고 한다.

- 물푸레나뭇과에 속하는 낙엽 활엽수
- 암수딴그루이며, 꽃은 5~6월에 핌
- 산지에 드물게 자생, 도심의 공원이나 가로수로 심음

이팝나무 이야기 꽃이 쌀밥처럼 보이는 이팝나무는 이와 관련된 이야기가 있다.

옛날에 가난한 어머니와 아들 둘이 살고 있었다. 어머니는 오랫동안 아팠기 때문에 시력이 아주 나빠지게 되고 앞이 잘 보이지 않게 되었다. 아들은

어머니가 기력을 찾을 수 있게 따뜻한 쌀밥을 지어드리고 싶었는데 가난한 형편에 쌀은 조금밖에 남지 않았다. 겨우 한 그릇의 밥이 완성될 정도였다.

밥상에 어머니 것만 갖고 들어가면 속상해하실 것을 알기에 아들은 활짝 핀 이팝나무 꽃을 보고 아들은 좋은 생각을 냈다. 그렇게 사이좋게 이야기하며 어머니와 아들은 식사를 하고 있었는데 그 앞을 임금이 지나고 있었다. 가뭄이 심한 탓에 농사가 망하고 굶어 죽는 사람이 많은 상황에서 쌀밥을 먹으며 행복해하는 어머니와 아들의 모습을 보고 임금은 무슨 일인지 알아보게 하였다. 임금의 명령으로 알아본 신하는 다음과 같이 상황을 설명하였다. 아들은 자기가 안 먹는 줄 알면 어머니도 먹지 않을 테니 자신의 밥그릇에는 밥 대신 이팝나무의 꽃을 담고 밥을 먹는 척하고 있었던 것이다. 어머니의 시력이 좋지 않기 때문에 둘은 행복한 시간을 보내고 있었던 것이다. 이 이야기를 들은 임금님은 가난한 아들의 효심에 감복하여 상을 내렸다고 한다.

가로수에도 유행이? 활짝 핀 꽃이 흰 쌀밥처럼 보이는 이팝나무는 생명력이 강하며 꽃도 오래 유지되어 아름다움을 제공하기 때문에 새로운 가로수의 대안으로 떠올랐다. 옛날부터 우리나라에서 자생해 온 이팝나무가 가로수로 많이 심게 된 이유가 있을까?

내가 어릴 적 살던 동네의 가로수는 플라타너스(양버즘나무)가 많았다. 플라타너스(양버즘나무)는 공해에 강하여 가로수에 적합하다. 그리고 가로수 길로 유명한 메타세쿼이아도 가로수로 많이 심었는데 메타세쿼이아 가로수 길은 매우 아름다워 사람들에게 사랑받는다. 하지만 나무의 크기가 크고 높게 자라서 도시의 좁은 공간에는 심을 수 없어 가로수로 한계가 있다. 반면 이팝나무는 플라타너스만큼 공해에 강하고, 메타세쿼이아와 다르게 적은 공간에도 자랄 수 있다는 장점으로 인해 가로수로 심게 되었다고 한다.

이팝나무 꽃

이팝나무 열매

이팝나무 수피

나무에 달리는 참외 모과나무

소래습지생태공원에서 모과나무는 여러 나무들 사이에 있어서 자세히 찾아보아야 한다.

모과라는 이름의 유래는 모과 열매가 참외처럼 생겼다고 하여, '나무에서 열리는 참외'라는 뜻으로 '목과'라고 부르던 것이 나중에 모과로 변했다고 한다. '과'는 오이 또는 참외를 의미한다.

모과나무 줄기는 얼룩덜룩한 조각 무늬를 하고 있으며, 떨어질 때도 조각조각 떨어져 나간다.

· 장미과에 속하고 낙엽 활엽수
· 높이 10m 정도로 자람
· 나무껍질이 조각으로 벗겨져 특유의 무늬가 있음
· 분홍색 꽃은 5월에 핌
· 열매는 향기가 좋으며 9월에 노란색으로 익음

놀부도 갖고 싶어 하던 화초장 판소리 〈흥부가〉에는 화초장(화초 무늬를 채색한 옷장) 타령이라는 대목이 있다. 화초장 타령의 내용은 놀부가 흥부에게서 문짝에 꽃이 그려진 화려한 화초장을 얻어서 돌아오는 모습을 소리로 표현한 것이다. 놀부가 탐낼 만큼 아름다운 모습의 옷장인 화초장은 무엇으로 만들었을까? 화초장은 모과나무로 만든다고 한다. 모과나무는 목재가 단단하면서도 다루기 쉽고 광택이 있어 건물이나 가구를 만드는 데 쓰이는데 옛날 사람들이 많이 쓰던 화초장 같은 장롱에 쓰인 재료도 바로 모과나무였다.

수피가 조각판처럼 떨어져 나가
적갈색 얼룩무늬

모과나무 열매는 타원형

모과나무 꽃

모과나무 열매는 황색으로 익음

어물전 망신은 꼴뚜기가 시킨다 '어물전 망신은 꼴두기가 시킨다'는 속담을 들어 보았을 것이다. 한 사람의 잘못된 행동이 그 주변에 있는 사람들의 품위도 떨어트린다는 뜻이다. 그럼 '과일전 망신은 모과가 시킨다'는 속담도 들어 보았을까? 이는 못 생긴 모양의 모과를 나타내는 말이다. 모과에서 나는 좋은 향기와 감기 예방을 위해 마시는 향긋한 모과차를 떠올리면 겉모습만 보고 이렇게 불리는 모과가 억울할 법도 하다.

꽃잎이 떨어지면 황금비가 내리는 모감주나무

소래습지생태공원에 가면 모감주나무가 모여 있는 곳이 있다.

바람이 불 때 모감주나무의 노란 꽃잎이 떨어지는 모습을 보면 마치 노란 황금빛 비가 쏟아지는 것 같다. 그래서 모감주나무를 영어로 'Golden rain tree(황금 비 나무)'라고 한다.

모감주나무들의 특징들을 살펴보고 모감주나무와 관련 있는 이야기를 알아보자.

- 무환자나뭇과에 속하고 낙엽 활엽수
- 높이 3~6m 정도로 자람
- 꽃은 6~7월에 노란색으로 핌
- 열매는 꽈리모양이고 10월에 갈색으로 익음
- 종자는 검은색 구슬 모양임
- 나무의 모양이 선비나 학자처럼 품위가 있다고 하여 선비수 또는 학자수라고도 함

모감주나무의 다른 이름　모감주나무는 '염주나무'라고 불리기도 한다. 종자로 염주를 만들기 때문이다. 열매 겉을 벗기면 까맣고 매끄러운 모감주 종자를 볼 수 있다. 모감주나무의 종자는 염주로 엮으려면 구멍을 뚫어야 하는데 덜 익은 씨는 바늘로도 뚫을 수 있지만 잘 익은 씨는 단단해서 구멍을 뚫는 게 쉽지 않다.

이름과 관련한 이야기 중에 스님들이 목에 거는 염주를 만들 때 사용하였다고 하여 '목염주나무'라고 부르다가 '모감주나무'가 되었다는 설도 있고 모감주라는 이름은 원래 '목감주'에서 'ㄱ'이 탈락하고 모감주가 되었다

고 하는 설도 있다. 중국 당나라시대의 옛 문헌에 따르면 '감주'라는 만지면 기억이 되살아나는 구슬이 있었다고 한다. 근데 모감주나무의 열매는 그 '감주'에 버금가는 염주라고 하여 '목감주'라고 되었고 점점 모감주가 되었다고 한다.

물 위에 둥둥 떠서 퍼질 수 있는 모감주나무 모감주나무의 열매는 세 갈래로 나뉜다. 나뉜 것 중 하나는 배처럼 바닷가에서 해류를 타고 이동을 하다가 해안가에서 번식하기에 좋다. 그래서 해안가 지역에 무리를 이루며 분포하는 모감주나무를 볼 수 있다고 한다. 모감주나무는 희귀종으로 나무들이 모여 있는 곳을 천연기념물로 지정하여 관리하고 있다. 충청남도 안면도 승언리와 전라남도 완도군 군외면 대문리의 군락지가 대표적이다.

모감주나무 열매의 특징 가을이 되어 열매가 익으면 껍질 셋으로 갈라지고 열매 껍질에 붙은 검은색, 콩알만 한 크기의 씨앗 세 개를 볼 수 있다. 모감주 열매에는 사포닌 성분이 있어서 물에 넣고 비비면 거품이 발생하고 옛날에는 비누 대신 모감주나무 열매를 사용하기도 했다.

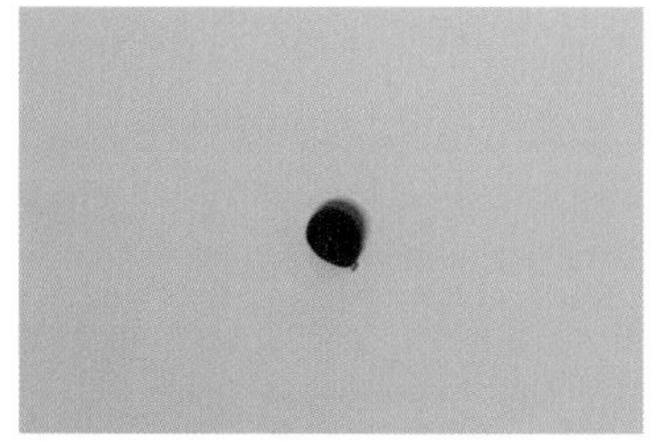

모감주나무 종자

모감주나무 열매

모감주나무 모습

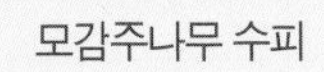

모감주나무 수피

모감주나무 열매

모감주나무 꽃

하트 모양의 잎을 가진 박태기나무

박태기나무는 중국이 원산지로 공원의 조경수로 많이 심는다. 잎이 나기 전에 피는 꽃의 화려함과 환경 제약이 거의 없이 자라기 때문에 조경수로 많이 볼 수 있다.

열매를 보면 알 수 있겠지만 콩과 식물이라 척박한 땅을 비옥하게 도와주며, 비옥하지 않은 땅에서도 잘 자란다. 콩과 식물이기 때문에 잘 자란다고 설명하는 이유가 무엇일까? 궁금증을 갖고 콩과 식물의 특징을 찾아보면 좋겠다.

- 콩과에 속하는 낙엽활엽수(관목)
- 중국 원산으로 화단이나 정원에 관상용으로 심음
- 높이 3~5m 정도로 자람
- 꽃은 4월에 잎보다 먼저 핌
- 개화기에 줄기를 뒤덮듯 자주색 꽃이 만개함
- 박태기꽃나무, 소방목이라고도 함

박태기나무 잎은 하트모양 같은 원형

박태기나무 열매는 길고 납작함

이팝나무처럼 먹을거리 이름이 붙은 나무 앞에서 이야기했듯 사람들은 이팝나무 꽃을 보고 흰 쌀밥을 떠올렸다. 이처럼 옛날에는 먹을거리 이름이 붙은 나무들이 있다고 하는데, 박태기나무도 해당한다. 아마도 먹을 것이 부족해서 주변의 나무들을 보고 더 생각이 나지 않았을까?

박태기나무라는 이름은 가지에 다닥다닥 붙은 꽃이 밥풀 모양을 닮아서 붙은 이름이다. '밥튀기나무', '밥티나무'라고 하던 것이 변하여 '박태기나무'가 되었다고 한다. 하지만 꽃잎에 독이 있어 함부로 먹으면 안 된다.

박태기나무 꽃

박태기나무 전체 모습

박태기나무 수피

새들이 많이 찾는 팥배나무

박태기나무 근처에는 팥배나무를 만날 수 있다. 팥 모양의 작은 열매가 열리고 배꽃을 닮은 흰색 꽃이 펴서 '팥배나무'라고 부른다. 빨갛게 익은 열매는 새들이 좋아하는 먹이이고 가을이 되면 새들이 많이 찾는 모습을 볼 수 있다.

- 장미과에 속하는 낙엽활엽수
- 꽃은 흰색, 4~6월에 핌
- 열매는 타원형, 9~10월에 붉은색으로 익음
- 높이는 10~20m 정도 자람. 열매가 팥알 크기 정도로 작은 배나무라는 의미
- 열매는 새들의 좋은 먹이가 됨
- 수피에 마름모꼴 피목

열매가 빨간 이유 감나무, 대추나무, 목련, 산수유, 해당화 등 열매 중 빨간색인 식물을 찾기 쉽다. 열매가 빨간 이유는 무엇일까? 빛이나 온도 같은 환경요인, 자손을 널리 퍼뜨리려는 이유 등이 복잡하게 얽혀 있기 때문에 아직 과학자들도 정확하게 이유를 밝히지는 못했다고 한다.

몇 가지 가설 중에 하나가 열매가 잘 익은 상태임을 동물들에게 알려주는 신호라는 것이다. 열매가 잘 익었다는 것을 알리면 동물들이 찾아와 먹을 것이고 열매를 먹은 동물들은 씨앗을 더 멀리 퍼뜨리는 데 도움을 줄 것이기 때문이다. 씨앗이 아직 덜 준비되었을 때는 나뭇잎과 비슷한 색으로 있다가, 씨앗을 퍼뜨릴 준비가 되면 화려한 색으로 알린다는 것이다. 그럴듯하지 않은가?

그리고 비슷한 설명으로 새들은 빨간색을 좋아하고 멀리서도 잘 본다고 한다. 팥배나무를 새들이 좋아하는 이유가 바로 이것일 것이다.

팥배나무 전체 모습

팥배나무 꽃

팥배나무 수피에 마름모꼴 피목

팥배나무 열매

익은 팥배나무 열매

중국에서 온 버드나무 위성류

다른 곳에서는 쉽게 보기 힘든 나무인 위성류가 소래습지생태공원에 있다. 중국 위성이라는 지역에서 버드나무 같이 생겼다고 하여 버들 유(柳) 자를 사용하여 위성류라고 부르게 되었다. 잎을 보면 향나무와 같이 겹겹이 있는 것처럼 생겼다.

꽃이 두 번 피는 것이 특징이다. 5월에는 묵은 가지에서 피고, 8~9월에는 새 가지에서 핀다. 두 번째 꽃에서 열매가 더 잘 생긴다.

- 위성류과
- 분홍색의 작은 꽃이 1년에 2번, 4~10월에 핌
- 높이는 3~6m 정도 자람
- 향나무와 비슷한 잎을 가짐
- 중국 원산으로 우리나라에서 관상용으로 식재

위성류 꽃

위성류 전체 모습

위성류 잎

장미를 닮은 해당화

소래습지생태공원에서 많이 볼 수 있는 해당화이다. 입구에서부터 맞이해 주고 공원 곳곳에서 해당화를 볼 수 있다.

해당화 이름은 바다에 붉은 열매를 맺는 꽃이라고 해서 해당화라고 불린다고 한다. 영어 이름은 'Beach rose(해변의 장미)'이다, 줄기에는 많은 가시와 털이 있고 잎은 두껍고 타원형이다. 해당화는 꽃받침 밑 부분이 열매로 자란다. 개인적으로 해당화의 둥근 열매가 귀여워서 좋아한다. 꽃향기가 좋고 강해 향수의 원료로도 사용한다.

- 장미과에 속하는 관속식물
- 해안가의 모래땅이나 산기슭에서 자생하나 관산용으로 길가에 심기도 함
- 꽃은 장미색, 6~8월에 핌
- 높이는 1.5m 정도 자람
- 흰꽃이 피는 흰해당화가 있으며 관상용으로 드물게 식재

해당화 열매

줄기 가시

해당화 꽃과 열매

잎에서 향기가 나는 순비기나무

잎에 털이 나 있고 도톰하며 잎에서는 은은한 허브향이 난다. 이 향기 때문에 입욕제나 방향제로 쓰인다.

순비기나무 이름의 유래는 두 가지가 있다. 모래밭에서 가지가 숨어서 뻗어 나가면서 자라는데 '숨어서 뻗어 나가는 나무다'라고 해서 순 뻗는 나무에서 순비기나무가 되었다는 설이 있다.

또 하나는 해녀와 관련이 있는데 해녀들이 숨을 참았다가 물 위로 올라올 때 '후' 하고 소리 내는 소리를 '숨비소리'라고 한다. 숨비소리에서 나중에 순비기가 되었다는 것이다.

열매는 단단한 코르크층으로 되어 있어서 열매가 가볍고 바닷물에 떠서 이동하며 번식을 한다.

- 마편초과에 속하며 낙엽 관목
- 바닷가 모래땅에서 자람
- 잎은 마주나며 꽃은 7~10월에 보라색으로 핌
- 순비기나무의 잎과 가지는 특유의 향기를 가지고 있어 목욕제나 방향제로 이용하기도 함

두통치료에 사용되었던 순비기나무 열매 해녀들이 물질할 때 압력차 때문에 잠수병이 흔히 발생하는데 잠수병으로 인한 두통 치료에 순비기나무 열매가 쓰인다. 이와 같이 옛날부터 식물을 병을 치료하는 약으로 사용해 왔고 현대에는 식물에서 얻은 물질을 이용해 약을 개발해 인간에게 도움을 주기도 한다. 현재 전 세계적으로 가장 많이 쓰이는 암 치료

제는 주목에서 추출한 물질로 만들었다. 우리 주변 학교나 길에 많이 심어져 있는 주목의 껍질에서 얻은 물질은 항암치료에 효과가 있다. 그리고 개똥쑥에서 말라리아 치료제 성분을 찾아 노벨의학상을 받은 이야기나 은행나무잎에서 유효성분을 추출해 만든 혈액순환개선제와 양귀비로 만든 진통제 모르핀 등 많은 예를 찾아볼 수 있다.

바닷가에 사는 식물 식물들은 살고 있는 환경에 적응한 특징을 갖고 있다. 순비기나무나 갯메꽃, 갯방풍 등의 식물은 바닷가에 적응하며 살고 있다. 바닷가는 바람이 무척 강하다. 이런 환경에 적응하여 대부분의 바닷가 식물은 높이 자라는 것 대신 키가 작거나 땅 위를 기어가듯이 자란다. 줄기와 잎을 모래에 묻는 방법으로 바람을 견딘다. 그리고 수분을 뺏기지 않기 위해, 강한 직사광선을 견디기 위해 잎이 두껍고 윤기가 나는 잎을 가지고 있다.

순비기나무 전체 모습

순비기나무 꽃과 벌

순비기나무 잎

순비기나무 꽃

꿀을 주는 아까시나무

'동구 밖 과수원 길 아카시아 꽃이 활짝 폈네.' 아까시나무는 과수원길 노래에 등장하는 나무이다. '아카시아'라고 부르지만 원산지가 열대지방인 아카시아와는 전혀 다른 식물이다. 아까시나무가 옳은 이름인 것이다. 얇고 어린 가지에는 가시가 있지만 오래된 굵은 줄기에는 가시가 없다. 아까시나무 꽃에는 꿀이 많아 대표적 밀원 식물(꿀벌의 생산을 돕는 식물)이다. 꿀벌이 인간에게 주는 이로움이 많은 곤충이라는 말을 들어보았을 것이다. 아까시나무와 같은 밀원 식물을 지키고 잘 관리하는 것도 우리에게 중요할 것이다.

· 콩과에 속하는 낙엽활엽수
· 잎은 어긋나기
· 꽃은 5~6월에 피고 열매는 꼬투리로 맺힘
· 턱잎이 변한 가시가 있음
· 높이는 10~25m 정도 자람

아까시나무에 대한 오해 일본을 통해 우리나라에 들어온 아까시나무는 일본이 우리나라 산을 망치기 위해 심었다는 이야기가 있다. 하지만 황폐했던 당시 우리나라 산을 복구하기 위한 나무였기 때문에 오해라고 한다. 그리고 아까시나무 뿌리가 옆으로 뻗어 나가기 때문에 다른 식물들을 못살게 한다는 오해가 있다. 사실 아까시나무는 콩과 식물의 특징처럼 땅을 비옥하게 해 준다고 한다.

아까시나무 잎

아까시나무 가시

아까시나무 꽃

나무를 활용한 활동 소개

소래습지생태공원의 다양한 나무들에 대해 알아보았다. 나무에 대해 알아 갈수록 재미있는 이야기들이 있는 것 같다. 이제 나무와 관련하여 활동을 소개하며 마치겠다.

나무를 배경으로 사진 찍기이다. 나무를 풍경으로 사진을 찍어도 멋있지만 간단한 틀과 함께 찍으면 또 다른 작품이 될 수 있다.

종이를 간단하게 오려 틀을 만들어 주고 틀과 나무를 함께 찍는다. 아래 예시를 보고 사진을 찍어 주위 사람들과 공유해 보자. 나무도 소개하고 멋진 사진도 보여 주자.

사진 찍기 예시

염전
저수지
염전
새 관찰하기 좋은 곳
관찰데크
관찰타워
탐조대
다리

새들의 놀이터 소래습지

소래습지생태공원 공영주차장에 차를 주차하고 나오니 갈매기 소리가 들려온다. 여러 마리가 떼를 지어 합창하듯 소리가 요란하다. 생태공원을 들어가려면 작은 다리를 건너야 하는데 다리 중간에 서 보니 장수천 물줄기와 바다가 이어지는 물길이었다. 이곳은 민물과 바닷물이 만나는 곳으로 먹이가 풍부하여 다양한 새들이 모이는 곳이다.

하늘에는 괭이갈매기 두세 마리가 날아다니고 물에는 흰뺨검둥오리들이 보인다. 물때를 잘 맞춰오면 더 많은 새를 볼 수 있는데 밀물로 바닷물이 가득 찰 때는 새들을 보기 어렵다. 먹이활동이 좋은 썰물에 맞춰 오면 다양한 새들이 먹이활동을 하는 모습을 볼 수 있다. 갯벌에서 먹이활동을 하는 도요새나 물떼새들이 작은 다리로 활발히 움직이는 모습을 볼 수 있고 물고기를 잡아먹는 왜가리나 중대백로들이 먹이를 찾으러 긴 다리로 성큼성큼 걷는 모습도 쉽게 관찰할 수 있다. 또한, 물속에 부리를 담그고 좌우로 휘휘 저어 가며 물고기를 찾고 있는 저어새도 한두 마리 관찰할 수 있는 곳이 소래습지생태공원이다.

소래습지생태공원 안쪽으로 깊이 들어가면 새들을 관찰할 수 있는 탐조대가 여러 군데 있다. 탐조대는 새들을 쉽게 관찰할 수 있게 할 뿐만 아니라 새들도 사람들로부터 안전하게 쉬거나 먹이활동을 할 수 있게 도와준다.

습지원에는 어떤 새들이 터를 잡고 살아가고 있을까? 연중 이곳에서 살림을 차리고 사는 텃새, 여름과 겨울 철새 그리고 나그네새(봄과 가을 번식지와 월동지를 가기 위해 지나가는 철새)들이 수시로 찾아와 머물다 간다. 텃새로는 괭이갈매기, 흰뺨검둥오리, 논병아리, 방울새, 딱새 등을 볼 수 있다. 여름 철새로는 백로, 왜가리, 저어새, 꼬마물떼새, 개개비, 쇠오리 등이 있고 겨울 철새로는 민물가마우지, 청둥오리 등이 있다. 나그네새로는 붉은발도요, 중부리도요 같은 도요새들을 쉽게 관찰할 수 있는 곳이다.

야옹~ 제일 먼저 반겨 주는 괭이갈매기

어느 바닷가를 가던 쉽게 접할 수 있는 새를 뽑으면 갈매기라고 답할 것이다. 소래습지생태공원에 들어서서 가장 쉽게 관찰할 수 있는 새도 역시 갈매기였다. 그중에 괭이갈매기가 눈에 들어온다.

· 몸길이가 46㎝ 정도, 날개 길이는 35~39㎝ 정도의 중형 갈매기
· 머리-가슴-배는 흰색, 등과 날개는 잿빛, 꽁지깃 끝은 검은 띠가 있음
· 부리는 다른 갈매기에 비해 길고 끝부분에 빨간색과 검은색이 있음
· 번식기는 5~8월, 4~5개의 알을 낳음
· 먹이는 물고기, 곤충, 물풀 등이며 집단 번식지는 홍도, 독도로 보호구역으로 지정
· 한국, 중국(북동부), 일본, 연해주, 사할린섬, 쿠릴열도 등지에서 서식

바닷가에서 고양이 소리가 난다고? 왜 괭이갈매기라고 했을까? 알고 보니 고양이와 같은 소리를 낸다고 해서 괭이갈매기란 이름을 가지게 됐다고 한다. 해묘(海猫)라고도 하는데 바다 해(海), 고양이 묘(猫)를 뜻한다. 일본에서도 해묘와 같은 한자를 쓰는 '바다 고양이(海猫/ウミネコ/우미네코)'라고 부른다고 한다. 정말 갈매기가 고양이 소리를 낼까? 가까이서 갈매기 소리를 들어보니 비슷한 것 같기도 하다.

괭이갈매기는 80가지 이상의 다양한 울음소리를 낼 수 있는데 울음소리를 이용해 가족들과 대화하고 가족과 친구를 울음소리로 구분할 수 있을 정도라고 한다. 괭이갈매기 소리를 나눠 보면 크게 경계음, 교감음, 공격음으로 구분하는데 고양이 울음소리와 비슷한 소리는 개체 간 교감을 할 때 내는 소리에 해당한다.

전 이런 특징이 있어요 괭이갈매기에 대해 좀 더 자세히 알아보지. 새들은 암컷과 수컷의 생김새가 다른 경우가 많은데 갈매기는 생김새가 같다. 어린 새는 모 전체가 갈색이고 부리는 분홍색에 부리 끝은 검은 띠가 있으며 다리는 분홍색으로 3년이 지나야 어미 새와 같아진다.

약간 끝이 굽은 부리는 길어서 먹이를 잡아먹기 좋게 발달하였고, 작은 콧구멍으로 몸속의 염분이 싸이지 않도록 내보내는 역할을 한다.

짝짓기할 때는 수컷이 먹이를 물어와 암컷 갈매기에게 먹여주는 구애 활동을 하는데 수컷이 마음에 들지 않을 때는 암컷은 먹이를 거절한다고 한다. 금실이 좋은 괭이갈매기는 매년 같은 장소에서 번식하는 습성이 있어 해마다 같은 짝과 짝짓기하는 경향이 있다고 한다. 한 번에 2~4개 정도 알을 낳고, 서로 번갈아 가며 알을 품어 24~25일이 지나면 부화하는데 40일이 지나면 둥지를 떠나는 습성이 있다.

괭이갈매기알과 서식지

봄엔, 저에게 새우깡을 주지 마세요~ 배를 타고 섬에 갈 땐 꼭 새우깡을 사는 사람들이 있다. 손으로 새우깡을 잡고 팔을 올리면 갈매기가 낚아채는 모습을 보거나 던져 주면 공중에서 새우깡을 잡는 광경을 보기 위해서이다. 어떨 땐 걱정이 되기도 한다. 그 이유는 '갈매기가 다른 먹이활동을 하지 않고 새우깡만 먹으면 어떡할까?' 하는 생각이 들기 때문이다. 사람도 짠 과자만 먹는다면 분명 건강에 좋지 않기 때문이다.

특히 봄철엔 정말로 새우깡을 주는 걸 자제하는 것이 좋을 것이다. 조류생태학과 교수님 말에 의하면 괭이갈매기는 4~5월이 산란기로 새끼에게 반쯤 소화된 먹이를 토해 먹이는데 만약 새우깡을 되새김질해서 먹이게 된다면 어린 새끼가 영양실조로 성장하지 못할 수도 있다고 한다. 이는 분명 괭이갈매기의 생태를 파괴하는 좋지 못한 행동일 것이다. 우리가 무심코 한 행동이 다른 동식물들에게 큰 영향을 미칠 수 있다는 것을 다시 한번 느끼게 된다.

머리가 검네? 괭이갈매기가 아닌가? 괭이갈매기를 찾기 위해 생태공원 주차장 쪽 탐조대를 찾았다. 그런데 괭이갈매기를 찾다 보니 머리가 검은 갈매기가 보인다. 몸집은 괭이갈매기보다 작고 머리는 검은 것이 괭이갈매기는 아니었다.

검은머리갈매기의 여름깃과 겨울깃

이 새 이름은 검은머리갈매기로 여름에는 머리가 검은색이나 겨울이 되면 흰색에 어두운 무늬로 변한다. 전 세계에 약 14,000개체 정도밖에 없는 것으로 알고 있으며 우리나라에서 환경부 지정 멸종위기 야생생물 2급으로 보호되고 있다. 여러분들도 여름과 겨울에 머리색을 바꾸는 멋쟁이 검은머리갈매기를 꼭 찾아보길 바란다.

소래습지에 사는 다른 갈매기 친구들 괭이갈매기, 검은머리갈매기 외에 소래습지를 찾는 갈매기들이 여럿 있다. 붉은부리갈매기, 재갈매기, 쇠제비갈매기를 간혹 찾아볼 수 있다.

붉은부리갈매기는 몸길이가 약 40㎝이며 해안 모래밭, 호수 또는 습지, 풀밭에서 집단으로 번식한다. 4월 중순~7월에 2~4개의 알을 낳고 23~24일 동안 품어 부화한다. 날개 가장자리의 흰색과 아랫면의 짙은 색이 대조적이며 여름깃은 머리가 밤색이고 부리와 다리는 진한 붉은색이다. 겨울깃은 흰색이고 눈앞과 뒤에는 갈색 얼룩이 있다. 부리와 다리는 진홍색을 띤다. 서해안보다는 동해안을 따라 지나가는 나그네새이고 남해안 일대에서 겨울을 나는 겨울새로 알려져 있다.

붉은부리갈매기의 겨울깃과 여름깃 모습

재갈매기는 겨울철 새로 10월~3월까지 강, 해안, 하구, 간척지 등에서 흔히 볼 수 있는 새이다. 몸길이는 약 56㎝이고 몸 빛깔은 갈매기랑 비슷하지만 아래 부리에 붉은 점이 있다. 여름깃의 대부분이 흰색이고 어깨깃은 푸른빛이 도는 회색이다. 겨울에는 머리와 목에 갈색 줄무늬가 있고 다리는 분홍색이며 다 자란 새의 꽁지는 흰색으로 괭이갈매기와 구별된다.

쇠제비갈매기는 '쇠' 자가 '작다'라는 의미로 갈매기 중에서 작은 갈매기에 속하는 여름 철새다. 몸길이는 24㎝ 정도이고 몸의 빛깔은 위가 회색이고 아래가 흰색이다. 여름철에는 이마는 흰색, 머리 윗부분과 목덜미는 검은색이고 부리는 노란색이며 끝은 검은색이다. 꼬리는 제비 꼬리처럼 생겼으며 다리는 짧고, 노란색이다. 겨울철에는 머리는 흰색이고 부리는 검은색으로 변한다. 다리는 노란색을 띤 갈색이며 꼬리는 여름깃에 비해 짧아진 오목 꼬리다. 쇠제비갈매기는 천천히 날면서 먹이를 찾다가 재빨리 다이빙하듯 내려와 부리로 먹이를 잡는다. 한국에서 쇠제비갈매기의 수가 줄고 있어 2022년 멸종위기 야생생물 2급에 지정되었다.

소래습지생태공원에서 흔히 볼 수 있는 괭이갈매기가 익숙해졌다면 다른 갈매기를 찾아보는 재미에 빠져 보시길 바란다.

재갈매기와 쇠제비갈매기

노랑부리저어새
저어새

주걱 주둥이를 지닌 저어새

이젠 인천을 대표하는 새를 말하면 두루미가 아니라 저어새라고 하는 사람이 점차 많아지고 있다. 두루미는 예전부터 인천을 대표하는 새로 알려져 있다. 그래서인지 두루미의 다른 이름인 학이 들어가 동네가 참 많은데 문학동, 선학동, 학익동 등이 예전에 두루미의 서식지였다고 한다. 하지만 두루미는 이제는 보이질 않아 아쉽기만 하다. 두루미의 빈자리를 저어새가 채워주고 있는지도 모른다. 인천에서 저어새를 볼 수 있는 곳이 여러 군데 있다. 소래습지생태공원, 남동 유수지, 강화도 일대에서 저어새를 쉽게 찾아볼 수 있다.

하지만 우리가 쉽게 저어새를 접할 수 있다고 해서 흔한 새가 아니다. 저어새는 전 세계적으로 6,600여 마리밖에 살지 않은 멸종위기 야생생물 1급인 동시에 세계자연보전연맹(IUCN) 멸종위기종(EN)으로 지정되어 있을 정도로 우리가 꼭 보호해야 하는 새이다. 인천에서는 저어새를 보호하기 위해 매년 다양한 활동을 전개하고 있는데 그중에 하나는 저어새 부화 시기인 5월 초, 중순이 되면 저어새 생일잔치 행사를 진행하고 있다. 일반 시민들이 거리감 없이 참여할 수 있어 매해 참여하는 사람들이 늘어나고 있다.

- 우리나라 서해안에서 서식하고 있는 세계적인 멸종위기종
- 몸길이는 75~80㎝ 정도, 수컷이 조금 더 큼
- 얼굴, 부리, 다리는 검은색, 몸은 흰색 깃털
- 번식기엔 머리 뒤쪽에 노란 벼슬깃이 생기고 가슴 부분은 노랗게 변함

· 부리는 주먹 모양이며 길이는 수컷이 19~21㎝, 암컷은 16~18㎝ 정도
· 한국 서해안, 중국 동북부와 동부 등의 무인도에서 번식, 대부분 우리나라에서 번식, 제주도 부근에서 겨울을 나기도 함

넌 어떻게 먹이를 잡아먹어? 신기한 부리 모양 저어새의 가장 큰 특징은 바로 부리일 것이다. 대부분 새의 부리는 뾰족하면서 길거나 짧은 모양을 하고 있다. 왜가리처럼 긴 부리를 가지고 있는 새는 작살처럼 먹이를 잡아먹거나 긴부리도요처럼 갯벌 속의 연체동물을 잡아먹는 데 유리하다. 짧은 부리를 가진 새들인 참새는 곡식을 쪼아 먹기 편하게 발달하였다. 하지만 저어새는 정말 특이한데, 부리가 주걱 모양으로 되어 있어서 어떻게 먹이활동을 할 수 있을까? 궁금한 사람들이 많을 것이다. 저어새는 주걱처럼 생긴 부리를 얕은 물속에 넣고 좌우로 휘휘 저어가며 먹이를 찾는 특이한 습성을 지닌 새이다. 이런 습성 때문에 저어새란 이름을 갖게 되었다고 한다. 영어 이름은 'black-faced Spoonbills'라 하는데 검은 머리를 가진 숟가락 모양의 부리가 있는 새란 뜻이다. 외국에서는 주걱이 아니라 숟가락으로 생각했나 보다.

번식기가 되면 이쁜 노란색이 나타나요 저어새는 3월 중순부터 인천 강화도를 비롯한 서해안에 나타나 3월 말부터 둥지를 만들기 시작한다. 번식할 준비를 하는 것이다. 번식기가 되면 머리 뒤에 노란색 벼슬깃이 생기고 가슴 부분의 깃털이 노랗게 변한다. 이를 저어새의 여름깃이라 부른다. 번식기가 끝나면 다시 여름의 장식깃 색이 사라진다고 한다.

저어새의 겨울깃과 여름깃

저어새는 여름 철새, 노랑부리저어새는 겨울 철새 저어새는 여름 철새로 한반도 서해안 주변의 무인도 등에서 번식하고 겨울철에는 동남아 지역이나 제주도에서 월동하는 새이다. 그래서 겨울철에 저어새를 볼 수가 없다. 하지만 신기하게도 겨울에 저어새를 보았다는 사람들이 있다. 틀린 말은 아니지만, 그 저어새는 부리의 색이 노란색인 노랑부리저어새다. 저어새랑은 다르게 노랑부리저어새는 겨울 철새로 튀르크에, 유라시아, 아시아 중북부에시 여름철에 번식하고 우리나라, 일본, 중국 동남부 지역에서 월동하는 새이다.

노랑부리저어새

노랑부리저어새는 가리새라고도 부르며 저어새보다 큰 편이다. 저어새랑 구분하는 방법은 간단하다. 저어새는 부리와 눈 주위의 색이 다 검은색이지만 노랑부리저어새는 부리는 노랑색, 눈 주위는 흰색이다. 노랑부리저어새의 수컷은 겨울깃이 흰색이고 목에는 노란 테와 뒷머리의 장식깃은 없다. 여름깃은 머리 뒤에 노란색을 띤 갈색 장식깃이 있으며 목 부분에는 갈색의 목 테가 있다. 암컷과 어린 새는 이런 깃이 없으며 암컷은 수컷보다 크기가 작다.

노랑부리저어새도 저어새처럼 희귀한 새로 1968년 천연기념물로 지정되었으며, 2012년 멸종위기 야생생물 2급으로 지정되어 보호받고 있다.

서로 다른 계절에 우리나라를 찾아오는 철새이지만 늦게 떠나거나 일찍 우리나라를 찾아오게 되면 가끔 만나는 때도 있다. 저어새 무리에서 서로 다른 저어새를 찾아보는 기회가 있길 바란다.

먹이 찾느라 고단한 저어새 저어새나 노랑부리저어새 모두 먹이 찾는 방법이 유별난 건 마찬가지이다. 앞에서 이야기했듯, 주걱 모양 부리를 이용하여 휘휘 저어 가며 먹이활동을 한다. 소래습지생태공원에 먹이활동을 하던 저어새가 기억난다. 100m 이상을 쉬지도 않고 물속에 부리를 넣고 휘휘 저으며 가는 모습이 안쓰럽기도 했다. 가는 도중 한 마리도 잡지 못했기 때문이다. 노동에 비해 먹이의 양이 적은 것은 아닌지, 다른 새들보다 더 많이 먹이활동을 하는 것 같기도 하다. 백로나 왜가리는 긴 다리로 천천히 왔다 갔다가 하며 물고기가 보이면 빠르게 부리로 잡거나 쪼아 먹이를 잡는다. 부리를 이용하는 횟수는 저어새보다 훨씬 적다. 하지만 저어새는 쉬지 않고 부리를 물속에 넣고 좌우로 휘젓는 모습이 걱정

될 정도이다. 그래도 저어새 부리에는 민감한 신경들이 모여 있어 부리에 물고기가 닿으면 부리를 빠르게 오므려 낚아챈다. 물고기가 많은 곳에서는 유리하지만, 물고기가 적은 물속에서는 하염없이 먹이활동을 해야 하는 고단함이 있다.

인천의 인공서식지 남동유수지 인공섬 저어새는 소래습지생태공원에서 많은 무리를 찾아볼 수 없다. 그래서 더 귀하고 찾고 싶은 마음이 더 커진다. 저어새에 대해 더 많이 알고 싶을 때, 소래습지생태공원에서 멀지 않은 곳에서 저어새를 제대로 관찰할 수 있다. 그곳은 바로 남동공단 옆 남동유수지란 곳이다. 차를 이용하여 해안도로를 타고 가다 보면 15여 분 지나 도착하는데 그곳에는 저어새 생태학습관도 있어 저어새에 대해 더 많이 공부할 수 있다. 남동유수지 안에는 아주 작은 인공섬이 있다. 이 인공섬에는 소래습지에서 보지 못했던 아주 많은 저어새 무리를 만날 수 있다.

이 유수지에서 저어새가 처음 발견된 것은 2009년부터인데 지금은 그때보다 훨씬 많은 저어새가 번식하고 살아가고 있다. 지금은 이 인공섬을 '저어새섬'이라고 부를 정도로 도심 속 저어새를 가까이 볼 수 있는 최적의 장소가 되었다. 인천시에서는 저어새를 보호하기 위해 다양한 활동뿐만 아니라 저어새 생태학습관을 설치하여 보호 및 교육에 힘을 보태고 있다.

소래습지생태공원에서 다양한 새들을 보았다면 남동유수지에 들러 저어새와 다른 새들을 찾아보는 것도 좋을 것이다.

남동유수지 저어새 인공서식지, 저어새 생태학습장

흰털 속에 검은 피부 백로

소래습지생태공원에 들어서 다리를 지나가고 있는데 크고 하얀 새 한 마리가 머리 위를 날아가는 것이었다. 무슨 새일까? 날아가더니 가까운 갯골에 내려앉아 있는 모습을 보니 백로였다. 백로 중에서 두 번째 덩치가 큰 중대백로로 보였다. 정말 하얗구나. 어떻게 갯벌과 바닷물에서 먹이활동을 하는데 저렇게 백옥처럼 하얄 수 있을까? 생태공원에서 만날 수 있는 백로들은 무엇이 있을지 알아보도록 하자.

- 백로는 대백로, 중대백로, 중백로, 쇠백로, 흑로, 황로, 노랑부리백로 등 7종이 있음
- 우리나라에는 중대백로가 가장 많이 서식
- 몸 크기는 30~140㎝ 정도로 종에 따라 크기가 차이가 남
- 몸과 비교해 머리와 다리가 긴 편
- 날개가 발달하여 있으며 몸집과 비교해 매우 날개가 큼
- 둥지는 엉성하게 만듦

하얀 깃털을 유지하는 비결은 뭘까? 백로를 볼 때마다 느끼는 것이지만 '참 하얗구나', '깨끗하구나'를 느끼게 된다. 하얀 깃털을 잘 유지하는 비결이 뭘까? 바로 몸치장을 좋아하는 것이다. 둥지는 나뭇가지로 엉성하게 만들지언정 수시로 부리를 이용하여 몸 구석구석을 치장하는 모습을 자주 목격할 수 있다. 몸치장을 잘해서인지 오늘 본 중대백로의 모습은 더 하얗고 고결해 보인다.

백로들의 몸치장

키순으로 줄 서 줄~ 백로는 정확한 새 이름은 아니다. 왜가릿과에 속한 몸이 하얀 새를 통칭하는 말이다. 그러면 백로에는 어떤 새들이 있을까? 우리나라에서 볼 수 있는 백로는 대백로, 중대백로, 중백로, 쇠백로, 흑로, 황로, 노랑부리백로 등 7종이 서식하고 있다. 이름을 살펴보면 대, 중대, 중, 쇠가 있는데 이는 크기별로 백로를 구분하는 것이다. '쇠'는 앞서 쇠제비갈매기에서 이야기했듯 '작다'란 뜻이 있다. 즉 백로를 대, 중, 소로 구분하고 있는데 좀 대충 이름을 지은 것은 아닌가 싶다. 또 중대라는 말이 있는데 대백로와 중백로 사이의 크기의 백로를 중대백로로 이름을 지은 것으로 정말 대충 지은 것 같다. 나머지 백로 중 황로는 여름깃이 머리부터 목까지 노란색(오렌지색)을 띠어 황로라는 이름을 가지게 되었고 노랑부리백로는 부리가 진한 노란색을 띠고 있어 노랑부리백로라 칭한다. 마지막으로 흑로는 온몸이 푸른색을 띤 검은색으로 다른 백로들과 확연히 다르다. 크기가 다른 백로들이 모여 있으면 쉽게 구분할 수 있을까? 중대백로와 대백로는 구분하기 어려울 것 같다.

중대백로, 중백로, 쇠백로

그러면 소래습지생태공원에서 볼 수 있는 크기가 다른 백로는 어떤 새들이 있을까? 가장 자주 볼 수 있는 새는 중대백로이고 운이 좋으면 쇠백로와 중백로를 볼 수 있다.

중대백로는 여름 철새로 대백로 다음으로 크기가 큰 새로 90㎝ 정도의 몸길이를 가지고 있다. 번식기에는 부리가 검은색, 눈 앞부분은 청록색, 등에는 장식깃이 발달한다. 번식기가 끝나면 부리는 노란색으로 바뀌고 장식깃은 사라진다. 다리는 전체적으로 검은색이다. 구분하기 어려운 대백로는 겨울 철새로 중대백로와 시기가 다르다.

중대백로

중백로는 보기 드문 여름 철새로 몸길이는 약 65㎝이며 부리는 번식기에는 검은색이고 겨울에는 노란색에 끝만 검다. 깃털은 모두 흰색이며 번식기에는 긴 깃털이 꽁지보다 길다.

중백로

쇠백로는 몸이 작아 다른 백로와 구분하기 쉽다. 더 쉽게 구분할 수 있는 것은 발가락이 다른 백로와 달리 노란색이다. 작은 백로가 노란색 발 모양을 하고 있으니 더 귀엽고 꼭 아이들이 비 오는 날 노란 장화를 신은 것 같다. 또한 윗목에 두 가닥의 길고 흰 장식깃을 가지고 있고, 다리는 검은색이다. 번식기에는 눈앞 쪽이 붉어지며 여름깃은 1~4월 사이에 털갈이한다.

쇠백로

너도 백로야? 황로, 흑로, 노랑부리백로 백로는 몸 크기로 구분하는 4종이 있고 색깔로 구분은 하는 3종이 있다. 바로 황로, 흑로, 노랑부리백로이다. 이 중에서 소래습지생태공원에서 관찰이 가능한 백로는 황로와 노랑부리백로로 앞서 간단하게 이름과 관련된 특징을 알아보았는데 좀 더 자세히 이야기해 보도록 하자.

황로는 정말 예쁜 백로 중 하나다. 어떻게 저런 깃털을 가질 수 있을까? 할 정도로 참 예쁜 빛깔을 가졌다. 하얀 백로도 우아하고 예쁘지만, 황로도 또 다른 매력을 가진 새이다.

황로는 몸길이가 50cm 정도로 다른 백로보다 작은 편에 속한다. 여름깃은 머리, 목, 등의 장식깃이 오렌지색이며, 구애 시기에는 홍채와 부리는 진한 주황색을 띤다. 겨울깃은 전체적으로 흰색이며, 부리는 어두운 노란색이다. 발은 검은색 또는 짙은 녹색이며 번식기는 4~8월로 여름 철새이다.

황로

노랑부리백로는 몸길이가 68cm이며 몸 전체는 흰색, 부리와 발은 노란색이다. 번식기인 여름에는 다리는 검은색, 머리는 긴 장식깃들이 생기며, 목과 등에도 장식깃이 발달한다. 겨울철에는 장식깃이 없어진다. 갯벌, 논, 하구, 간척지 등에서 서식하는 드문 여름 철새이다. 멸종위기 야생동물 1급으로 지정되어 있으며 세계자연보호연맹에서 취약종(VU)으로 분류한 국제 보호새이다. 여름철 소래습지생태공원에서 노랑부리백로를 찾는 행운을 가져보는 것도 좋을 것 같다.

노랑부리백로

까마귀 검다 하고 백로야 웃지 마라 백로와 관련 시조가 예전부터 전해져 오는데, 이 시조에는 까마귀와 백로가 등장한다. 오래된 시조이지만 지금에도 그 의미가 잘 맞는 것 같다.

> 까마귀 검다 하고 백로야 웃지 마라
> 겉이 검은들 속까지 검을 소냐
> 겉 희고 속 검은이는 너뿐인가 하노라

이 시조는 까마귀는 겉과 속이 같으나 백로는 겉이 희고 속이 검은 것이 겉과 속이 다른 사람을 일컫는 말이다. 겉만 보고 사람을 판단하기보다는 자신을 먼저 성찰하라는 의미가 있다.

소래습지생태공원을 걸으며 맘은 편안하게 하고 하루를 성찰해 보며 자신을 되돌아보는 시간을 가져도 좋을 것이다.

사계절 볼 수 있어 좋은 거 아닌가? 철새의 텃새화 현상 왜가리나 백로들은 철새이지만 월동하는 개체 수가 증가하고 있다. 이는 텃새화되고 있다는 뜻이다. 어느 신문 기사에 보니 '후투티' 새가 여름 철새인데 겨울에도 우리나라에서 목격되고 있다고 한다. 이렇게 우리나라 기후가 변화하면서 겨울에 떠나던 철새들이 떠나지 않고 눌러앉는 현상을 텃새화현상이라고 한다. 텃새화되어 겨울에도 볼 수 있는 새로 왜가리, 백로, 후투티, 큰부리바람까마귀, 물총새, 쇠물닭 등이 있다고 한다. 계속 볼 수 있어 좋은 것도 있지만 기후가 급속도로 변화하고 있다는 증표이기에 심각성을 느껴야 할 것이다. 또한, 떠나지 않는 새들로 피해를 보는 경우가 생기기도 한다. 예를 들면 민물가마우지는 겨울 철새로 떠나지 않고 텃새화되어 어민들에게 피해를 주는 일도 있고 대식가라 다른 새들의 먹이에도 영향을 미친다. 민물가마우지로 인한 어장 피해와 강한 산성의 배설물로 인해 나무까지 피해를 본다고 한다. 그리고 철새가 오지 않았는데도 조류인플루엔자(조류독감, AI)가 발생하여 가축 농장에 피해를 주기도 한다고 하니 기후 위기와 생태계 보전에 더 많은 관심이 필요할 것이다.

꽥꽥~~ 여름에도 볼 수 있는 흰뺨검둥오리

오리는 우리나라에서 월동한 후 떠나는 겨울 철새가 많다. 하지만 흰뺨검둥오리는 텃새화된 경우가 많아 여름에도 우리나라에서도 흔히 볼 수 있는 새가 되어 가고 있다. 가장 흔히 볼 수 있는 오리는 흰뺨검둥오리와 청둥오리인데 소래습지생태공원에서도 흰뺨검둥오리를 쉽게 관찰할 수 있다.

· 오릿과에 속한 흔한 겨울 철새이며 텃새
· 몸길이 약 61㎝
· 암수가 비슷함, 전국의 야산이나 풀밭, 해안가, 도서 지역에서 시식
· 겨울에는 북쪽에서 남하한 무리가 집단 월동
· 한배에 10여 개의 알을 낳고 주로 암컷이 알을 품으며 21~23일 후 부화
· 시베리아 동남아, 몽골, 중국, 동남아, 한국, 대만, 일본에서 서식

암수가 비슷한 흰뺨검둥오리 청둥오리는 번식기가 되면 수컷오리가 화려한 색으로 변신하여 암수가 확연하게 구분이 되는 오리이다. 하지만 흰뺨검둥오리는 자세히 보지 않으면 일반인들은 구분하기 어렵다. 수컷의 위꼬리덮깃과 아래꼬리덮깃이 암컷보다 어두운 흑갈색이고 뺨은 암컷보다 더 밝다. 검은색 부리 끝은 노란색이고 다리는 주황색이며 날 때 청색과 흰색의 날개깃을 확인할 수 있다.

흰뺨검둥오리, 암수 구분해 보자

암수를 구분해서 관찰하는 것도 좋지만 물 위에서 먹이활동을 하는 새를 보며 여유를 즐기는 것도 좋을 것이다. 여름에 볼 수 있는 고마운 흰뺨검둥오리를 소래습지생태공원에서 만나보길 바란다.

적응력이 좋은 흰뺨검둥오리 오리들은 가을이 되면 유라시아 대륙 북쪽에서 겨울을 보내기 위해 우리나라를 찾아오는 겨울 철새들이다. 대표적으로 기러기, 두루미, 청둥오리, 가창오리, 큰 고니들이 우리나라를 방문한다. 원래는 흰뺨검둥오리도 겨울 철새에 속한다. 하지만 지금은 텃새화되어 겨울 철새를 맞이하는 텃새가 되었다. 그만큼 기후변화에 잘 적응하고 있는 새라고 할 수 있다. 위에서 나온 여름 철새인 백로나 왜가리처럼 말이다. 흰뺨검둥오리는 봄과 여름에 식물이 다양하게 자라고 있는 습지에서 살고, 겨울에는 강 하구나 바닷가에서 무리를 지어 살아간다. 습지가 더운 여름을 이겨 낼 수 있는 최적의 서식지인 듯싶다.

푸른 등, 머리를 가진 청둥오리 소래습지생태공원에서 흔히 볼 수 있는 오리 중 하나는 청둥오리이다. 흰뺨검둥오리는 암수 구분이 어렵지만 청둥오리는 화려한 푸른빛 때문에 쉽게 구분할 수 있는 오리다.

청둥오리는 몸길이가 약 59㎝이고 수컷의 부리는 뚜렷한 노란색이며 머리는 광택이 있는 녹색, 흰색의 가는 목테가 있다. 가슴은 짙은 갈색이며 위꼬리덮깃의 검은색 깃이 말려 올라가 있다. 암컷은 전반적으로 갈색이며 흑갈색 줄무늬가 있으며 부리는 갈색으로 얼룩져 있다.

청둥오리 암수

청둥오리는 낮에 대부분 물 위, 제방, 모래톱 등지에서 무리 지어 휴식하고, 해가 지면 습지, 논 등지로 날아들어 곡식, 식물 줄기 등을 먹는다. 번식기가 되면 한 배에 6~12개 정도 알을 낳고 암컷이 알을 품어 부화한다.

이름이 참 예쁘고 청둥오리 빛깔과 잘 어울리는데, 이름에 대한 설이 두 가지가 있다. 한 가지는 '푸른 등을 가진 오리'라고 하여 '청등오리'에서 청둥오리가 되었다는 것과 나머지 하나는 '푸른 머리를 가진 오리'라고 하여 '청두오리'에서 청둥오리가 되었다는 이야기가 있다. 어느 쪽이든 푸른 광택이 나는 모습은 어느 오리보다 멋지고 암수가 잘 어울리는 환상의 모습을 자아낸다.

우리도 소래습지가 좋아요! 다양한 오리들 소래습지생태공원은 흰뺨검둥오리와 청둥오리뿐만 아니라 다양한 오리들이 찾아오는 곳이다. 쇠오리, 고방오리, 홍머리오리, 알락오리, 황오리, 비오리, 혹부리오리, 가창오리, 흰비오리, 흰죽지 등 다양한 오리들이 습지와 갯벌을 찾아오고 있다.

흰죽지는 오릿과 흰죽지속에 속한 새이지만 오리라는 이름이 붙지 않는다. 겨울 철새로 우리나라에서 흔한 겨울 철새지만 서식지가 사라지거나 남획 등으로 수가 줄어들고 있다고 한다. 소래습지생태공원에서는 흰죽지와 댕기흰죽지를 만나 볼 수 있다.

가을부터 찾아오는 다양한 우리 무리, 흰뺨검둥오리와 청둥오리만 봤다면 따뜻하게 옷을 입고 소래습지생태공원을 찾아 물 위에 섞여 있는 오리들을 관찰하는 것도 재미있는 시간이 될 것이다.

쇠오리

고방오리

홍머리오리 수컷

홍머리오리 암컷

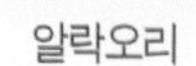

알락오리

황오리

비오리

혹부리오리

흰비오리 수컷

흰비오리 암컷

가창오리

흰죽지

우리를 지켜 주는 새들, 솟대 솟대는 좋을 일이 일어나길 바랄 때나 악귀나 질병을 막기 위해 수호신처럼 마을 입구에 세우는 장대에 나무 등으로 만든 새를 꽂아 두는 상징물이다. 새는 오리 모양을 가장 많이 쓰지만, 지역에 따라 기러기, 까치, 왜가리, 따오기, 갈매기, 까마귀 등으로 표현하기도 한다. 이처럼 옛날부터 새와 밀접하게 살아오고 있다는 것을 아니, 더 새에 대한 호기심이 커지는 것 같다. 간단하게 나뭇가지를 이용하여 작은 솟대 만들기를 해 보는 것도 좋겠다.

봄, 가을에 찾아오는 나그네새, 물떼새

따뜻한 봄, 소래습지에도 다양한 나그네새들이 찾아왔다. 우리나라를 지나가는 대표적인 나그네새는 물떼새와 도요새들이 여기에 속한다. 소래습지에도 물떼새와 도요새가 찾아온다. 물떼새의 크기는 작은 참새 크기부터 비둘기 크기 정도까지 11종 정도가 우리나라를 찾아온다. 소래습지에는 어떤 물떼새들이 찾아오는지 알아보자.

다리가 길쭉한 장다리물떼새 물떼새 중에 다리가 엄청나게 긴 물떼새가 있다. 장다리물떼새는 몸길이가 약 37㎝이고 부리는 검은색으로 가늘고 길다. 다리는 긴 분홍색이며 날개는 검은색이고 몸 아래는 흰색을 띤다.

수컷의 여름깃은 머리깃이 검고 암컷은 희다. 수컷의 몸 윗면은 녹색 광택을 띠고 암컷은 갈색이다. 우리나라에는 많은 수의 장다리물떼새가 찾아오지 않는 것으로 알려져 있다. 소래습지를 찾는 귀한 장다리물떼새를 찾는 재미를 느껴 보길 바란다.

장다리물떼새 암컷과 수컷

참새처럼 작지만 강한 꼬마물떼새 물떼새 중 가장 작은 꼬마물떼새는 몸길이가 약 16㎝ 정도이며 여름 철새이다. 황색 눈 테가 뚜렷해 다른 물떼새와 구별되는데 몸의 윗부분은 연한 갈색이고 꽁지는 누런 갈색인데 끝부분은 흰색과 검은색 띠가 있다. 종종걸음을 빠르게 달리다가 갑자기 멈춰 먹이를 잡아먹는 행동을 한다. 둥지는 자갈밭에 만들어 4개 정도 알을 낳는다. 둥지에 천적이 나타나면 날개를 늘어뜨리고 소리를 내고 다친 것처럼 의상 행동[11]을 하여 천적의 관심을 돌리는 독특한 행동을 한다. 이런 모습을 볼 때마다 참새처럼 아주 작은 새지만 알과 새끼를 보호하기 위한 모성애가 강한 꼬마물떼새란 생각이 든다.

알을 품고 있는 꼬마물떼새

멸종위기 야생동물 검은머리물떼새 물떼새과에 속하진 않지만, 검은머리물떼새과에서 속하는 검은머리물떼새는 우리나라에서는 멸종위기 야생생물 2급이며 천연기념물로 지정되어 있어 보호받는 텃새이다.

몸길이는 약 45㎝ 정도이고 암수가 비슷하게 생겼으며 부리와 다리는

11) 새가 알과 새끼를 보호하기 위해 상처를 입은 척하는 행동

붉은색이다. 어느 물떼새보다 눈에 확 들어와 구분하기가 쉽다.

여름깃은 아랫부분과 배 부위가 모두 흰색이며 나머지는 검은색이다. 번식기에는 수컷이 암컷 앞에서 머리를 조아리고 부리는 땅 위에 댄 채 좌우로 흔드는 구애를 하는 것이 독특하다. 소래습지에서 흔치 않은 검은머리물떼새를 찾는 행운을 가져 보길 바란다.

검은머리물떼새

지느러미발도요
종달도요
학도요
청다리도요
붉은발도요
알락꼬리마도요
알락도요
민물도요
쇠청다리도요
알락꼬리도요
메추라기도요
빽빽도요
좀도요
붉은갯도요
붉은어깨도요
큰뒷부리도요
노랑발도요
뒷부리도요
흰꼬리좀도요
중부리도요
꼬까도요
깝작도요
메추리기도요
흑꼬리도요
뒷다리도요

넌 무슨 도요새니?

청다리도요, 붉은발도요, 중부리도요, 알락꼬리마도요, 학도요 등이 소래습지생태공원을 찾는다. 전부 다 말한 거냐고? 아직 멀었다. 도요새는 종류가 참 다양한데 우리나라를 찾는 도요새 종류만 약 40종이라고 한다. 그중 소래습지생태공원을 찾는 도요새는 얼마나 될까? 인터넷 사이트에 탑재된 소래습지생태공원에서 관찰된 도요새 사진을 참고해 보자면 20종류 정도 된다. 이 많은 도요새 이름은 어떻게 지었을까? 부리 모양, 다리 길이, 털 색깔이나 무늬, 다른 새와 닮은꼴, 소리, 꼬리, 발 색깔, 크기 등 신체 및 소리의 특징을 이용해 이름을 지어준 것 같다. 종류도 많다 보니 재미있는 이름들도 많은데 꼬까도요, 깝작도요, 종달도요 등은 정말 귀엽고 앙증맞은 것 같다. 이름으로 도요새의 특징을 알 수는 있겠지만 다 기억하기는 어려울 듯하다. 이름을 기억하기보다는 도요새를 관찰하고 특징을 찾아 이름을 유추해 보는 재미를 느끼는 것이 좋을 것 같다.

다리가 길고 푸른 청다리도요 청다리도요는 소래습지에서 자주 목격되는 도요새 중 하나이다. 몸길이는 약 35㎝이고 등과 허리는 어두운 회색, 아래는 흰색이며 다리는 푸른빛이 난다. 부리는 검은색이고 약간 위로 굽어 있다. 바닷가나 습지 물가에서 흔히 볼 수 있는 나그네새로 4~5월, 7~10경에 볼 수 있다. 청다리도요는 북반구 북위 약 50도 이북에서 번식하고 열대나 호주, 뉴질랜드 등의 남반구에서 겨울을 보내는 장거리 나그네새이다.

다리와 부리가 붉은 붉은발도요 붉은발도요는 수는 많지 않지만 쉽게 구분할 수 있는 도요새 중 하나이다. 그 이유는 다리와 부리가 다른 도요새와 다르게 붉은색을 띠고 있기 때문이다. 몸길이는 27㎝ 정도이고 몸 위는 갈색이며 검은색과 회색의 얼룩무늬가 있다. 다리와 부리는 붉은 색이고 부리 끝은 검은 편이다. 해안가, 염전, 하구, 논, 갯벌 등에서 작은 무리를 이루어 서식한다.

붉은발도요

누가 더 커? 중부리도요, 알락꼬리마도요? 도요새 중에서 큰 쪽에서 속하는 도요새들이 있다. 그중에 중부리도요나 알락꼬리마도요가 소래 습지생태공원을 찾고 있다. 그러면 누가 더 클까? 중부리도요는 몸길이

가 42㎝ 정도이다. 길고 아래로 굽은 부리가 특징이고 머리의 중앙선은 백색이며 머리 옆선은 암갈색이다. 몸은 암갈색의 줄무늬가 있다. 알락꼬리마도요는 국제적으로 희귀한 종이나 우리나라를 찾는 쉽게 볼 수 있는 나그네새로 몸길이는 58~61㎝ 정도로 큰 도요새이다. 아래로 휘어진 긴 부리는 머리의 3배 크기이고 날개 아랫면은 암갈색의 조밀한 줄무늬가 있다. 알락꼬리마도요와 마도요는 큰 도요새로 '마' 자는 한자로 '馬' 자로 말처럼 큰 도요새란 뜻이다. 소래습지생태공원을 찾고 있는 큰 도요새인 알락꼬리마도요와 중부리도요를 찾아 얼마나 큰지 관찰해 보길 바란다.

중부리도요, 알락꼬리마도요

이름이 신기하네! 삑삑도요, 깝작도요, 종달도요 도요새의 이름은 앞서서 이야기했듯이 부리 모양과 색깔, 깃털의 색깔, 다리의 길이, 꼬리 색깔 등의 특징으로 이름을 지었다. 하지만 이름으로 특징을 알 수 없는 도요새들이 있는데 대표적으로 삑삑도요, 깝작도요, 종달도요이다. 삑삑, 깝작, 종달에는 어떤 뜻이 있는지 하나씩 알아보도록 하자.

삑삑도요는 몸길이가 약 24㎝이고 몸 윗면은 녹색이 도는 갈색이며 눈 주위가 흰색, 꼬리는 굵은 2~3개의 검은색 줄이 있다. 삑삑도요는 날아오를 때 삑삑 소리를 내는 특징 때문에 삑삑도요라는 이름을 가지게 되었다.

깝작도요는 몸길이가 20㎝ 정도이고 부리는 곧고 머리 길이 정도이다. 몸 윗면은 녹색을 띤 갈색이고 날개덮깃은 흑갈색의 무늬가 있으며 가슴 아래쪽은 흰색이다. 깝작도요의 이름은 무슨 의미가 있을까? '깝작'이란 말은 '깝작거리다'에서 의미를 찾아야 하는데 '방정맞게 자꾸 까불거나 잘난 체하다'란 뜻이 있다. 깝작도요는 이름처럼 엉덩이를 방정맞게 계속 깝작거리는 것처럼 행동한다고 한다.

마지막으로 종달도요는 몸길이가 15㎝ 정도로 작은 도요새이다. 눈앞, 목 옆은 갈색을 띤 흰색으로 갈색의 얼룩무늬가 있는 게 특징이다. 그러면 종달도요의 '종달'은 무슨 뜻이 있을까? 종달새라고 불리기도 하는 종다리를 뜻한다고 한다. 몸길이가 약 15㎝로 여름깃 윗면은 붉은 갈색에 세로 얼룩무늬가 있고 아래의 부분은 갈색을 띠는 흰색이다. 번식지인 초원에서 날개를 가볍게 퍼덕이며 낮게 날아다니는 모습이 종다리와 같다고 해서 종달도요란 이름을 가지게 되었다고 한다.

삑삑도요, 깝작도요, 종달도요

다양한 도요새들이 찾는 소래습지생태공원 앞에 이야기한 도요새들뿐만 아니라 학도요, 뒷부리도요, 노랑발도요, 흑꼬리도요, 좀도요, 알락

도요 등이 소래습지생태공원을 찾아오고 있다.

갯벌에서 빠르게 움직이며 먹이를 찾는 도요새 중 수컷이 알을 품는 학도요, 부리가 길고 위로 올라간 뒷부리도요, 노란 발을 가진 노랑발도요, 검은 꼬리를 가진 흑꼬리도요 등을 찾아보길 바란다.

학도요

뒷부리도요

노랑발도요

흑꼬리도요

좀도요

알락도요

저격수와 도요새는 어떤 연관이 있을까? 도요새의 영어 이름은 snipe이고 저격수는 영어로 sniper라고 한다. 이름만 봐도 연관이 있어 보인다. 그러면 도요새가 저격수처럼 먹이를 잘 잡는 새란 뜻인가? 그 뜻이 아니라 도요새의 움직이는 모습과 관련이 있다. 도요새처럼 크기가 작고 빠르게 날고, 움직이는 방향을 예측하기 어려운 새를 총으로 잡을 수 있는 실력을 갖춘 총잡이를 스나이퍼(저격수)라고 불린다고 한다. 전쟁 중 이러한 명사수들이 매체에 주목받으며 '도요새(snipe) 쏘기'라는 뜻의 스나이핑이라는 단어가 만들어지면서 스나이퍼(sniper)가 생기게 되었다고 한다. 사람들이 보기에 도요새가 얼마나 작고 빠르면 도요새 이름을 딴 명사수를 따로 칭했을지 짐작이 간다.

어부지리(漁夫之利)와 도요새 도요새와 관련된 옛날이야기가 하나 있다. 어부지리와 관련된 이야기인데 그 이야기에 도요새가 등장한다. 간단하게 이야기해 보자면 도요새가 무명조개를 먹으려고 부리로 쪼는 순간 무명조개가 껍데기를 꽉 다물어 부리를 놓지 않았다고 한다. 서로 놓아주지 않고 있자 지나가던 어부가 두 놈 모두 잡았다는 이야기이다. 이처럼 두 사람이 이익을 위해 다투다 엉뚱한 사람이 힘들이지 않고 이익을 가로챌 때 도요새와 무명조개 그리고 어부를 빗대어 어부지리란 말을 쓰게 되었다고 한다.

작지만 장거리 여행을 하는 도요새 도요새는 장거리 여행을 하는 것으로 유명하다. 도요새 대부분이 장거리를 날아 서식지와 번식지를 이동하지만 북반구와 남반구를 왔다 갔다 하는 최장 거리 도요새들도 있다.

대표적으로 큰뒷부리도요, 흑꼬리도요 등이 있다.

큰뒷부리도요는 몸길이 약 40㎝이고 부리는 위로 굽고 어두우나 기부 쪽은 분홍색이다. 이 도요새는 장거리 여행을 하는 새로 유명하다. 알래스카를 떠나 태평양을 지나 뉴질랜드까지 1만 2,000㎞ 이상을 쉬지 않고 비행한 큰뒷부리도요가 있을 정도로 대단한 비행 실력을 갖추고 있다. 큰뒷부리도요는 활공 없이 날개를 쉬지 않고 비행하는데 물도 먹지 않고 잠도 자지 않으며 장거리 비행을 할 수 있다니 대단하기만 하다.

흑꼬리도요도 큰뒷부리도요처럼 알래스카에서 번식하고 가을쯤 새끼와 함께 남반구에 있는 호주와 뉴질랜드를 찾는다. 흑꼬리도요에 대한 비행 기록을 보면 북반구에서 남반구로 이동할 때 한 번도 쉬지 않고 비행하고 반대로 남반구에서 북반구로 이동할 때는 우리나라를 거쳐 쉬었다 가는 것으로 알려져 있다.

몸길이가 35~40㎝ 정도밖에 되지 않는 작은 새가 인간도 하지 못할 비행 기록이 있다니 참 대단하기만 하다. 몸이 작다고 해서 능력도 작을 것이라는 편견을 깨는 위대한 도요새이다.

큰뒷부리도요, 흑꼬리도요

| 참고자료 |

경상남도교육청 과학교육원 우포생태교육원 : https://gnse.gne.go.kr/upo/cm/cntnts/cntntsView.do?mi=3792&cntntsId=2327

금강초롱꽃 이야기 : http://www.nextdaily.co.kr/news/articleView.html?idxno=14833

〈미나리를 식재한 자유수면습지에서의 중금속거동에 관한 연구〉, 원광대학교, 국내석사, 2001

노란꽃창포, 장성황룡강 수질개선 효과 톡톡(2021. 5. 13.) : http://www.cmbkj.co.kr/ab-991-20733

베토벤이 연인에게 사랑의 메신저로 건넨 꽃창포 : https://www.munhwa.com/news/view.html?no=2023052701039930114002

장수왕 영조의 건강비결 맥문동 : http://www.hortitimes.com/news/articleView.html?idxno=29634

《쏙닥쏙닥 교과융합 세계명작동화 임금님 귀는 당나귀 귀》, 한국톨스토이

《살아있는 생태박물관 2》, 박경현, 채우리

《어린이를 위한 식물 비교 도감》, 송길자, 김옥림, 가람누리

《GUESS? 식물백과》, 정명숙, 이룸아이

[사진 출처]

사진은 저자 촬영본과 국립생물자원관(https://species.nibr.go.kr), 픽사베이(https://pixabay.com/) 사진을 활용하였습니다.

습지를 읽고,
습지를 걷다

초판 1쇄 발행 2023년 12월 20일

지은이 남기철 · 박근영 · 백은주 · 이상숙 · 전승희
펴낸이 이기봉
편집 좋은땅 편집팀
펴낸곳 도서출판 좋은땅
주소 서울특별시 마포구 양화로12길 26 지월드빌딩 (서교동 395-7)
전화 02)374-8616~7
팩스 02)374-8614
이메일 gworldbook@naver.com
홈페이지 www.g-world.co.kr

ISBN 979-11-388-2583-2 (03520)